家有健狗

——用爱教出好狗狗

谢佳霖 著

海峡出版发行集团
THE STRAITS PUBLISHING & DISTRIBUTING GROUP

福建科学技术出版社
FUJIAN SCIENCE & TECHNOLOGY PUBLISHING HOUSE

推荐序

饲育毛孩子不是羁绊，是一种相依相偎的守候

这本育犬书的作者和我一样，都是长年旅居国外的华侨，我们爱我们的国家，也爱这一块土地，更热爱在这块土地上生长的所有生命，包括人类进化史上最忠实的伙伴，也就是这本书的主角——狗狗。

坊间有非常多关于毛孩子的饲育手册、养育指南，而本书除了详述如何饲育狗狗之外，更着重于狗狗的行为教育，借由亲手照顾、养育、教导毛孩子，完整地记录了视狗狗如同家人一般养育的全过程。

其实，一只受过良好教育的毛孩子，不但不会造成饲主生活上的任何困扰，反而可以更融洽地与饲主和其他家庭成员建立良好的家庭关系；同时，关切狗狗的生活习性、便溺习惯、饮食给养，甚至清洁保健等这些毛孩子成长中的点点滴滴，不仅能成为狗狗与主人之间一段美好的回忆，也能让一个生命茁壮成长。

人活在这世上，所期望的不就是与其他生命共处时有温暖互动的感觉吗？教导毛孩子、养育毛孩子，其实就是一种生命教育，这是一种相互的沟通，当你的毛孩子能够很好地学习，它就能够跟我们的生活更紧密地

结合在一起，这是生物之间和平共处的基础，是一份共同的课题，这也是本书让我们有效学习如何饲育这些弱小生命的真正目的。

在饲主爱的教育下长大的毛孩子，会跟我们产生一种如同家人般的情感联结，会有更大的包容力，同时也能让我们的心更加柔软。试想，对毛孩子我们都能无微不至地照顾、宽容，更何况对人对事呢？

在此，我很荣幸地向读者朋友大力推荐这本书，无论你是有多年饲养经验的老手，还是新手，抑或是才准备领养狗狗，这本书都能提供饲育狗狗的正确方法，让你与狗狗之间建立更和谐的关系。饲养狗狗不是羁绊，而是一种相依相偎的守候。

大城莉莉

作者序

用正确的教育方式，我们和狗狗就能一辈子幸福地生活在一起

产生流浪狗最大的原因就是人类弃养，而导致弃养最大的原因则是人不懂得如何养育狗、不懂得狗的思考模式以及生活模式。
因此，我希望这本书可以让大家知道如何正确地教育狗，减少狗和我们之间的矛盾，进而增加我们和狗之间的爱，增进彼此的亲密关系，只有这样才能真正地减少弃养，解决流浪狗的问题。

从小我就喜欢动物，只要是关于猫狗、昆虫的书籍我都非常爱看，那时就立志未来要当生物学家，但没想到长大后却成了一位狗教育家来帮助社会。

小时候看到别人家有狗，于是常常吵着父母要养狗，直到初中时才拥有第一只小博美。这只博美从小到大就一直在接受惩罚教育。我记忆最深刻的是，它

只要一见到家中长辈就会漏尿，这时家中长辈便更加生气地去喝斥它。这只博美还非常爱叫，所有打骂还是控制不了它爱叫的个性，只要让它一见到人就会叫得更激动、凶恶。那时的我就一直在想，有没有更好的方法可以从狗狗的心里去改变它们的坏行为？

1996 年，感谢父母让我移民到加拿大读书。当时我半工半读的第一份工作就是在宠物店上班，我看到了北美人的乖狗狗和华人的狗狗真有很大的区别，于是我便更加有兴趣去深入研究，在宠物店上班时阅读了不少有关狗狗的书籍。

然而，我对在书籍中学到的知识总感到很表面，甚至在这期间也跟着一些训练师实习教狗，但仍觉得不够有深度，很多的疑惑他们还是解答不了。于是在 2005 年，我报名学习有关狗的教育知识，在一年后正式拿到证书，并开始在温哥华从事教育狗的职业。

我是华人中第一位提倡以"加强正面行为教育"为基础的狗教育师，我花了无数的时间来改变华人饲育狗的固有观念。在北美的这一段时间，我成功地教导过无数让其他训练师束手无策、被狗学校退学，或被其他训练师、行为师贴上"无法教导"标签的狗；我也深入去了解为何他们的方法会失败。这让我更加确信，**有效教导狗狗的方法，除了利用加强正面行为教育的方法之外，更要去解读每只狗的独特个性和环境对它们的影响，**只有这样才能正确地对症下药，解决它们的行为问题。

有鉴于台湾地区流浪狗的问题日益严重，于是在 2015 年我毅然决然回到台湾想解决流浪狗的问题，因为当初学狗教育时，我曾经对自己说过，只要能够在温哥华闯出一片天，就一定会回台湾协助解决流浪狗的问题。现时的台湾社会对

于流浪狗有满满的爱和关怀，甚至打出"零安乐死"的口号。但问题是，乱象的根源不找出来，喊一堆口号也是无用，利用再多的资源、人力和金钱去救助可怜的狗也是浪费。至于根源是什么？答案是我

们人类！是我们人类的无知造就了流浪狗的问题，把原本一件美好的事情变成了生活中的负担，以致弃养问题愈来愈严重。

养狗，就像养小孩，试想：我们真的有能力一次养三个以上的小孩吗？所以，爱它们，就请量力而为。**在养狗狗之前，请从这三方面考量：**

一、考虑清楚自己现有的情况和即将要负的责任、要履行的义务，千万不要因一时的冲动收养了它们而又后悔，然后弃养它们。

二、请一定要做好狗狗结扎的工作，以防止"意外播种或怀孕"的发生。

三、认真思考能不能好好对待它们十二年以上，并天天带它们去运动、天天花时间教育它们，**直到狗终老病死都不离不弃，这是与它们的终身约定。**

我衷心期望未来能有一天，社会上再也没有狗被弃养、被虐待，每只狗都能被好好地教育，没有过度繁殖、私下繁殖、意外怀孕等问题，那么收容所里自然就不会有狗，没有狗就没有安乐死，这才是真正的"零安乐死"！希望大家在读了这本书之后，开始拥有正确的观念来帮助自己和身边朋友的狗狗，一起从根本解决流浪狗的问题。

在这本书里我也提到许多真实教育狗狗的案例，希望您或身边朋友若遇到相似的案例，不妨利用本书所提到的方法，从狗狗心理为出发点来改善它的行为问题，不要只急于解决问题本身，而忘了引发问题的根源在哪

里。举个简单的例子：若是一个四岁小孩有偷窃行为，您是会希望通过惩罚让小孩停止偷窃，还是由心理层面找出其偷窃行为的根源，借以彻底消除其偷窃恶习？教育狗狗也是同样的道理。

另外，在这本书里我特别分享**"好狗狗四星期教育课程"**，这是我累积十几年教育经验而成的教育精华，**让毛爸毛妈在不需要教授指令和没有点心作为诱惑的前提下，以心理层面为基础来正确教育狗。**只要好好照着书中四星期的课程来教狗狗，就能让狗狗更加乖巧听话，而且不论是对幼犬还是对成犬都非常适用喔！

撰写这本书花费了很长的时间，在多年前已有相关人士希望我能出书来帮助更多饲主了解如何正确教育狗，但力求完美的我不希望读者在阅读时汲取到任何模糊的资讯。所以在写这本书时，我是带着战战兢兢的心理，不断地校稿再校稿，把我的十多年经验汇集起来，希望所有毛孩子的饲主都能受惠。在这里要谢谢各位读者愿意花时间阅读此书，毛孩子用一辈子的时间跟着我们，就让我们从现在起也负起责任，用正确的方法好好教育毛孩子们，让它们跟着我们能幸福生活一辈子。

第一章 开始养狗狗之前，一定要知道的事

第二章 养狗狗正确的教育观念与方式

第三章 教养狗狗常见问题

第 四 章　四星期好狗狗教育

第 一 章

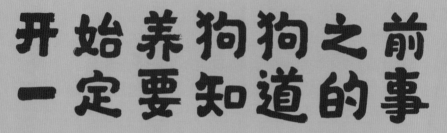

开始养狗狗之前，一定要知道的事

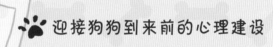
迎接狗狗到来前的心理建设

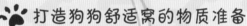
打造狗狗舒适窝的物质准备

养育狗狗，绝对不能只是一时冲动，要经过深思熟虑，也要充分学习知识，因为这不仅仅是自身的责任，我们所背负的还有社会责任。那么在养育狗狗之前，有哪些事你必须知道？又有哪些因素需要考量或是需要做足准备呢？

迎接狗狗到来前的心理建设

　　狗狗从以前的室外生活，到现在俨然已成为人类家庭中的一分子，要知道它们就像学龄前的孩童，一切都是靠本能和过往经验在和我们互动。

　　所以，养育狗狗，绝对不能只是一时冲动，要经过深思熟虑，也要充分学习知识， 因为这不仅仅是自身的责任，我们所背负的还有社会责任，一旦养育，就不要丢弃！对待狗狗就要跟对待学龄前的孩童一样，要有包容心、爱心、恒心和耐心。

饲养之前 必需考量的因素

一、生活方式

不同品种的狗狗适合不同生活环境、不同生活习惯和不同地区的主人。

例如，以大型犬大丹狗来说，它就不适合居住在小套房里的人来饲养；运动型的品种，如黄金猎犬、拉布拉多，就较适合平日户外活动量大的饲主，因为它们在平时需要利用大量的运动来消耗多余的精力，若是精力没有消耗，便很容易会破坏家中物品。

以下问题可以帮助您在养育狗狗之前，根据自身的环境和生活方式来评估自己适不适合养狗，以及如何选择狗狗品种。

以居住的地区和形态来考量：

若您是住在市区的小套房、公寓或楼中楼，建议养育小型犬比较好；若是在郊区居住，住宅处有较大的空间，则可以选择养育较大的品种。

住家附近有没有可以让狗活动的地点：

因为狗狗需要适当的运动，

才能达到身心的平衡，所以这也是饲养狗狗之前需要考虑的因素。

自己是爱运动的人还是喜欢窝在家的人：

如果不喜欢运动，千万不要选择精力充沛的品种。

上班或上课的时间长短：

如果是长时间上班或上课的人，家里有没有人会帮忙照顾狗狗呢？狗狗就像小孩子，不适合长时间自己独自在家，还是需要有人陪伴的哦。

家里有没有小孩或小婴儿：

如果有，建议选择一只脾气好的狗狗。

有没有饲养其他宠物：

家里若有其他宠物，更要小心选择狗狗的品种，性情稳定温顺的品种比较合适。

二、经济能力

不管是领养还是购买，饲养狗狗需要投入一定的费用。千万要记得，养育狗狗和养育孩童一样，不仅要对自己负责、对社会负责，更要对狗狗一辈子负责，导致流浪狗出现的最大原因就是人类的不负责。所以再次提醒大家，养育狗狗，绝对不能只凭一时的喜好冲动和一时的自私欲望，一定要再三评估与确认后再作决定。

1 项圈、狗牌和牵绳

2 狗床、狗窝、狗笼、围栏

3 食物、饭盆、水盆

4 美容用品

5 电子晶片、注射疫苗和驱虫费用

6 玩具、狗骨头和点心

7 训练课程 遵命！

8 未来看诊兽医费用、未来食物费用、未来住宿费用

打造狗狗舒适窝的物质准备

　　毛爸毛妈为迎接狗狗进入家庭，到底应该准备哪些合适的用具或必需的工具呢？

　　宠物店里琳琅满目的商品，常让饲主眼花缭乱，而且每只幼犬都还有自己不同的需求。以下就为大家介绍饲养狗狗时必备的各种生活用品，供新手毛爸毛妈参考，以提前做好准备迎接新成员的加入哦！

一起来认识狗狗生活必需品

食

饭盆

有些新手毛爸毛妈用自己的饭碗给幼犬当饭盆。我不建议这么做，因为我们用的碗大都重心不稳，加上幼犬好动爱玩，它一不小心会将碗弄破，把自己割伤，所以还是要购买幼犬专用饭盆。例如，**幼犬较调皮或正在长牙阶段，建议选择耐摔、适合啃咬的材质较好**，不仅让狗狗养成良好的用餐习惯，也能保证它的安全。

水盆最好是用陶瓷做的，有重量，不容易打翻。尤其幼犬都爱玩，若是水盆不够重，很容易踩到打翻。另外，水盆里要时时保证有新鲜干净的水。

水盆

食物

食品

品质保证

食物的选择繁多，但因为**幼犬时期需要完整的营养，建议先使用市面上的幼犬狗粮。**目前，大部分知名大品牌都有针对幼犬提供完整营养的狗粮，饲主可以比较、选择。

当我们刚开始在教育幼犬时，也可以先用主食（狗粮）来奖励狗狗的好行为。

点心的选择也非常多，有饼干、肉片、肉条、起司等。

点心通常是拿来做称赞奖励用的，所以不要给太多，最好掰成小小片地给。一次给了太多，会导致幼犬不吃主食。

下雨的时候，给幼犬穿上雨衣出门可防止其淋湿感冒。

短毛狗、小型狗比较容易失温，天气冷时，就很需要穿件毛衣保暖。

帮幼犬穿上可爱的衣服能增加吸睛度，但要注意，**衣服一定要选择透气的材质；天气炎热时千万不要再给狗狗穿衣服**，以免它的皮毛被一直闷着导致皮肤病。

在炎热夏天里，幼犬较容易中暑，可购买市面上狗狗专用凉感衣让幼犬凉爽。

狗笼是幼犬睡觉、休息、躲藏的专属空间，里面可以放置毛巾、狗骨头。**幼犬刚进家门时，可能会怕生，可以用毛巾包住暖水袋来模拟母狗的体温，让幼犬更安心。**

发育期的幼犬需要一天睡 15 小时以上，当它在休息时，千万不要打扰它。这时狗笼刚好可以作为幼犬舒适的休息空间。

幼犬刚到家时，如果让幼犬到处跑，很容易导致其随处便溺，或乱咬物品，这时可在围栏里放置尿垫，因为围栏空间小，能够让幼犬比较容易找到尿垫位置，所以**围栏的作用是让幼犬不会到处乱上厕所。**

另外，若幼犬便溺之后，饲主没有时间立刻处理，也可让幼犬先在围栏里玩耍；如果白天主人长时间不在家，幼犬放置在围栏里，也可防止它破坏家具或乱咬物品。

围栏

床垫

幼犬需要一个温暖的窝，床垫可以放在狗笼里或室内某个位置，供幼犬玩累时暂时休息一下。

幼犬长至成犬时期，也会喜欢待在床垫上休息。

项圈

要让幼犬在小时候就习惯项圈，项圈上可以放置名牌，以便幼犬不小心跑掉后，别人可通过名牌上的信息找到主人。

幼犬用的项圈选择舒适材质的即可，不必太贵，因为幼犬会长大，而且项圈也容易被咬坏。（我曾经不下一次看到新手毛爸毛妈买名牌狗项圈给幼犬，但都是很快就被咬烂了。）

从小就要让幼犬习惯牵绳。牵绳有伸缩牵绳和固定长度牵绳两种。伸缩牵绳普遍用于带出门上厕所、远距离召回，但要特别注意，**伸缩牵绳带出去散步时，请一定要固定长度**，如果长度不控制，幼犬很容易跑出马路，造成意外。

牵绳

在有人看管时，可让幼犬系着牵绳在家自己跑，能帮助幼犬更习惯牵绳。

胸背带

基本上，小型犬、短脖子犬类带出去散步时，尽可能用胸背带来保护幼犬脆弱的脖子。

育与乐

益智玩具

可以在益智玩具里放些小点心，让幼犬可以动动脑筋、花点心思想办法把点心找出来吃，增加狗狗自行玩乐的时间。

玩具是养育幼犬的必备用品，但千万不要拿小孩子的绒毛玩具给幼犬，里面的棉絮若不小心吞下去，会堵塞幼犬肠胃，造成不必要的危险。

玩具

狗狗专属的绒毛玩具大都不含棉絮，但幼犬通常会撕咬绒毛玩具，也要注意观察。

耐咬骨头

骨头不但是必要的，而且也是能防止家具被咬烂的重要工具。幼犬无聊时，也会靠咬骨头来消磨时间。

第二章

养狗狗正确的教育观念与方式

🐾 狗狗为什么需要教育

🐾 狗狗正确的教育方式

好棒！

好行为

教育和训练大不同！用教育取代训练，在未来必定成为趋势。不用指令，不用告诉狗狗应该做什么，而是让狗狗自己用脑，自己去思考，学会尊重，学会与人类和其他动物的相处礼仪，这就是教育的最大作用与目的。只要跟本书一起和狗狗来练习，你也可以在家做好教育狗狗的工作哦！

狗狗为什么需要教育

教育和训练的不同

何谓教育？和训练有何不同？美国的杜威说："教育是生活。"英国的斯宾塞说："教育是为未来生活准备。"在现代社会，狗狗已经是人类家庭生活的一分子，老旧的训练方式已经渐渐不适合它们，**取而代之的应该是不用指令来训练，而应该像教育小孩般来教育它们。**

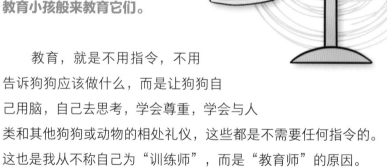

教育，就是不用指令，不用告诉狗狗应该做什么，而是让狗狗自己用脑，自己去思考，学会尊重，学会与人类和其他狗狗或动物的相处礼仪，这些都是不需要任何指令的。这也是我从不称自己为"训练师"，而是"教育师"的原因。

用教育取代训练，在现今社会虽尚未普及，但在不久的将来势必成为主流，大家将会意识到教育才是狗狗真正需要的。另一方面，训练狗狗不过是让狗经由指令而做到指定动作，这一点利用点心利诱或强制即可达成，那么主人的存在与否对狗狗的训练来说就没有太大的意义。让狗狗由心出发，做到我们期待的事情，才是教育的目的。

好狗狗教育的三大要素

　　教育狗狗的方针应和教育小孩的一样，有三大要素：信任、尊重、服从。 教育不是采用高压政策（失去尊敬），也不是采用打骂威胁（失去信任），更不是靠点心来让狗狗暂时性服从（贿赂性服从），而是由耐心以及爱心（得到信任），保持一致性以及一贯性（得到尊敬），让狗狗打从心底服从主人。所以狗狗和主人间的良好关系对教育可以起到正面推动作用，而大多数的狗狗也都喜欢鼓励和友好的教育方式。

第一要素：信任

信任是建立所有关系的第一步，无论是人际关系、亲子关系、情人关系，还是主人和宠物之间的关系等，都脱离不了信任。缺少信任，再多的点心，都不过是贿赂。

建立信任很简单：

第一点，抛弃所有打骂！ 记得，饲主要担任的角色是教育者，不是教训者，一旦不分青红皂白地教训，狗狗对饲主的信任就会开始破裂，自然会引发更多行为问题。

第二点，利用"加强好行为"的方式管理狗狗。 忽略坏行为，加强好行为，采取一致性、一贯性的态度，自然狗狗会打从心里信任你。

第二要素：尊重

当有了信任之后，第二步就要开始让狗狗学会尊重。

许多人认为养狗就是要对狗凶，靠打骂来建立权威。请注意，尊重不是靠打骂来得到的，更不是靠威胁来建立，当我们使用不正确的方法去对待狗狗，我们就是不尊重狗狗，那么狗狗还会尊重我们吗？

尊重，除了在狗狗做对事情时用称赞来加强之外，还要靠平时有效地正确管理狗狗的食衣住行来取得。当我们开始制订时间表，正确管理它们的食衣住行，定下在家庭里该有的规矩后，加上保证一致性和一贯性地去实行，自然它们便会来尊重我们。

第三要素：服从

当狗狗已经具备了对饲主的信任和尊重之后，自然会从心里开始想讨好饲主、得到饲主的重视和称赞，于是所作所为也必定是由心里想做到正确，避免做错，那么"服从"就形成了。

通常我们看到服从性训练都是先用点心来吸引狗狗的注意力，但训练到后期，并不是用食物来让狗服从，就像服从性比赛，严禁利用点心来引导狗狗，也严禁利用牵绳来引导狗狗一样。也就是一切都要让狗狗由心中彻底服从。

不骂不打更能教出好狗狗

就算是极度有攻击性、极度胆怯或极度不懂社交的狗，我也都是靠信任、尊重和服从来教导。

有了信任和尊重，具有攻击性的狗在开口咬人之前一定会先考虑一下，例如在教导具攻击性的德国牧羊犬时，都是靠先建立信任关系，进而制订每天的日常生活行程管理来取得尊重，等到一定程度的尊重建立起来后，就算狗狗真的生气想攻击时，也都会先三思，即使下口也不会大力。

另外，**千万不可用蛮力，或用暴力来控制有攻击性的狗**。我就常常见到或听到很多不懂狗的行为师或指导师乱用蛮力，以试图让狗害怕，结果却导致狗的攻击行为更加严重的案例。

狗与人的关系是相辅相成的，我们对狗狗好，它们也会对我们好。胆怯的狗、心思细腻的狗尤其更不能打骂！打骂之后造成的心理伤害是非常严重且长久的。因为小时候胆小、心思细腻，长大后胆怯想自保而有攻击行为的狗狗非常多，但它们的攻击行为常被人误解，常被以错误的方式来教育，从而导致问题更加严重！所以我要再次重申，绝大多数的幼犬都喜欢鼓励和友好的教育方式。

我教导了无数因为胆小有攻击性而被其他训练师误解被教坏了的狗狗，在初期，光是要建立信任都要花上好一段时间，尤其它们天性就怕人，更增加了难度。不过只要有耐心，多怕人的狗最终都能重新相信人的。我常见一些行为学家或训练师，他们忘了去了解行为问题的根源所在，一旦教不会，就一直换教学、训练方法。

试想，若是一个才四岁的小孩，已经开始有偷窃行为，我们作为成年人，是应该一味惩罚他偷窃的行为以达到遏制效果，还是尝试去全方面了解他偷窃的动机，进而阻止偷窃行为？

显而易见，答案当然是后者。

教育狗狗要以正确的态度去面对需要帮助

的狗狗的行为问题。无论是客户、朋友还是自己的狗狗有问题，都请以专业的态度来解答，切忌随便地从网络上或从不正确的饲养书籍、杂志中去找解决方法。狗狗虽然不会说话，但它们会用行动直接表现。这就是为何许多人在饲养过程中，一旦狗狗出现行为问题，即使遵照网络或书籍的教学方法，即使寻求专业人士，也无法有效处理。由于忽略了根本的原因，问题便永远无法得到解决。

一致性、一贯性的教育，才是关键

许多人都认为养狗是件简单的事情，只要阅读相关书籍，喂狗吃饭喝水，偶尔带它们出去散步或玩耍就够了。但真正养了之后他们才发现存在一堆问题，就算照着书籍饲养，也始终不得入门。这是因为**狗狗就像两三岁小孩，拥有自己的想法以及行为。**

有些饲主在看了电视中狗狗训练的节目后，便以相似的方法来教导自己的狗狗。其实这样对狗狗是不公平的。每只狗狗的习性和个性都不同，尤其当有行为上的问题时，更是需要真正的专家在旁协助。我们看过不少因为如法炮制而导致狗狗行为问题越来越严重，最后责怪狗狗、弃养狗狗，甚至把狗狗安乐死的例子。追根究底，这到底是狗狗的问题，还是饲主的问题？

　　有原则的饲主，狗狗自然有纪律、不混乱，和饲主在一起有安全感，做出坏行为的概率也大大减低。另一方面，如果饲主在遇到狗狗相同行为时，时而允许，时而禁止，有时很宠，有时很凶，狗狗当然就会对饲主失去信任、尊重。那么在无所适从、心理压力又大的情况下，它的许多坏行为便会衍生出来。

　　在十多年的狗狗教育生涯中，我去过无数的家庭，见过无数的幼犬以及成犬，我通常一进门，就能看出饲主是如何教狗狗、如何对待狗狗，以及造成狗狗坏行为的原因。也因此饲主常常很惊讶地问我，是如何能正确无误地看出狗狗的感受。

　　其实，狗狗是非常直接、单纯的动物，它们就像一面镜子，能直接反映出人类对待它们的态度，只要静下心来观察它们，便可以和它们沟通。

狗狗正确的教育方式

教育，从狗狗学龄时期就要开始

通过正确的教育方式，可以教导狗狗正确的好行为，尤其对学龄时期的狗狗更是重要！狗狗在幼年时期有非常高的学习能力，但不少的训练师以及饲主却通常都忽略了这点。

许多研究报告指出，让**狗狗越早学习，对于它之后接受指令训练以及社交教育会越成功**。尤其，在狗狗学龄时期提供一定程度的学习经验，包括边玩边学习，以及加强正面行为鼓励，将会对狗狗的整个幼年教育以及学习有很大的帮助。这就是为何我们要的是教育，而不是训练。

预防胜于治疗，狗狗教育的目的就是希望通过有效的学习把未来可能发生坏行为的概率减至最低，甚至完全消除，取而代之的是我们心目中期待它们能做到的好行为。举个例子，像德国牧羊犬之类的守护犬，因为天生就已经有非常强的地域性，若是没有在

幼犬时期好好地和不同的人相处社交，长大后有极大的可能会不分青红皂白地见人就攻击。对于此类犬，教育的主要目的就是要教会它们如何能有效地分辨来者是敌是友。

那么通常幼犬多大时可以开始教育？

当幼犬在四个星期大时，母狗和其他成犬便会开始教育幼犬如何正确和族群相处。同样的道理，当养幼犬或领养成犬时，饲主必须在一开始就教育狗狗正确地和主人、其他家庭成员或动物相处的礼仪。总之，**越早教育，越可预防未来许多严重的行为问题**。

以下例子就能说明幼犬教育的必要性和重要性。

当饲主了解了幼犬的习惯后，在控制以及管理上就会占有很大的优势。例如，教导大小便习惯的时候，很重要的一环就是控制狗狗何时喝水、吃饭，以及水量、食量多少。若饲主允许狗狗在晚上睡觉前喝很多水，那么狗狗在半夜上厕所的概率就很大；又或者饲主常常在饭桌旁喂狗狗吃我们的食物，狗狗自然学到在人吃饭时，可以向人乞求食物……饲主若从小就教育狗狗培养良好的生活习惯，就能避免上述的坏行为发生。

狗狗不同的培训教育方式

有效的教育方式有很多，但总体来说大致可分为四种，分别为奖赏培训教育、忽略培训教育、逃避或回避培训教育和处罚培训教育。

奖赏培训教育（正向加强）
/ Reward Training（Positive Reinforcement）

当我们在教育狗狗时，大都是通过抚摸或口头称赞作为正向加强教育时的奖励，点心奖励则比较随机。不过当教导才艺时，点心就是不可缺少的。

重点

通过加强好行为，以鼓励的方式来教育。

这种教育的成果可以使狗狗在未来都会想要表现出或加强我们所需要它们听从的行为，因为狗狗可以因此得到奖励（如抚摸、口头称赞、点心或其他奖励等）。

做法

正向加强通常是在狗狗可以成功地做出好行为或动作时给予奖励。但应根据狗狗的特性来决定奖励的种类，例如喜欢猎物、驱动性强的狗狗，喜欢追逐球胜过于点心，这也是为何现在都以"玩球"而不是点心作为多数服务犬的奖励。

忽略培训教育（消极处罚）/ Omission Training（Negative Punishment）

这项教育的原理来自狗狗的生活习性。狗狗是群居动物，群居动物若是做错事情，就会被群体所排挤，而狗狗因为无法忍受被群体冷落，所以会尽可能地不做被群体所排挤的事情；并且群居动物若是落单，很容易成为其他动物所攻击的对象。所以，当狗狗住进了人类家庭，它们就会像小孩一样，喜欢引起主人的注意，若是没有得到注意，它就会无所适从。

重点

当狗狗做了坏行为，即不予理会或减少奖励。

这方法通常会让狗狗为了不被冷淡或不想得不到奖励，进而不去做坏行为。

做法

当狗狗无法成功控制自己而做了坏行为，我们以忽略狗狗作为惩罚。例如，不坐下就没点心吃，扑人就不理它，等等。简单来说，消极处罚就是把狗认为是奖励的事物拿走。

逃避或回避培训教育（负向加强）/ Escape or Avoidance Training（Negative Reinforcement）

通过加强让狗狗讨厌、反感的刺激，来帮助达到延缓、减少或消除坏行为，同时加强好行为的教育目的。

重点

当狗狗做了不好的行为时，我们**给予让它们认为是反感、讨厌的刺激，一直重复直到它们做对了，才把刺激拿掉**，进而加强好行为。

做法

例如，给指令要让狗狗坐下时，若是狗狗不坐下，我们可以轻压它的屁股，直到狗狗坐下之后才停止压力，即利用负向加强来加强狗狗坐下的次数。

处罚培训教育（正面处罚）/ Punishment Training (Positive Punishment)

我们所说的惩罚，并不是指打狗狗或造成狗狗生理伤害的处罚。所谓正面处罚，是一种会让狗狗加强或延长它们反感刺激的教育，例如，大声说"不行"，或怒视着狗狗，或是当狗在吠叫时利用水枪喷狗狗来阻止等。

不行

重点

正面处罚通常发生在狗狗做不对的事情时，我们想立刻制止它们的行为，于是**利用让狗狗反感的刺激使它停止动作。**

做法

当狗狗做错事情，主人应严肃地说"不行"，利用正面处罚来降低狗狗做错事情的概率。

总之，无论是用哪一种方式教育狗狗，绝对不可以造成狗狗心理或生理上伤害。虐狗的行为是社会大众所不能允许的，所以若有发现您身边有养狗人士或朋友正在伤害狗狗，一定要立即制止，或是通报当地动物保护协会，甚至报警处理。

第三章

教养狗狗
常见问题

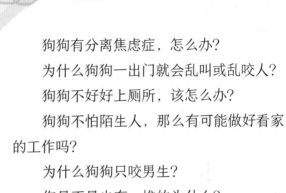

狗狗有分离焦虑症，怎么办？

为什么狗狗一出门就会乱叫或乱咬人？

狗狗不好好上厕所，该怎么办？

狗狗不怕陌生人，那么有可能做好看家的工作吗？

为什么狗狗只咬男生？

你是不是也有一堆的为什么？

现在，就请跟着我一步一步地示范，学习如何解决这些问题吧！但，千万记得，一定要带着满满的爱和无比耐心哦！

问1　狗狗有"分离焦虑症"该怎么办？

答：　狗狗的分离焦虑症，是指当狗狗与喜欢的主人分开时，心生恐惧，甚至怕被丢弃，而导致过度焦虑，以致出现一些异常行为，例如不停地吠叫或破坏物品等。一般来说，这大都跟"环境"和"主人"有关系，而且**大约在一岁半才会有此症状的情况产生**。

患有分离焦虑症的狗狗，当主人在家或在主人旁边时都会非常乖巧，而且黏主人黏得很紧；但是只要主人准备出门，它就开始不对劲，会开始乱闹，等你前脚刚踏出家门或一不在家，它们马上就会出现反常的行为。当主人回到家，看到满屋被破坏的情形时，通常会很生气，但狗狗一见到你，却异常热情地扑向你，完全不会对自己做错事感到愧疚。

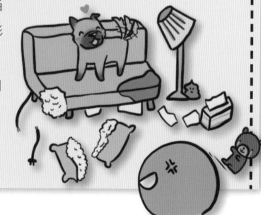

因应对策

采取忽略培训教育（消极处罚），以不予理会、忽略狗狗作为惩罚。

步骤 1

主人在家时，必须利用围栏，制造短时间跟狗狗分开的机会，然后慢慢再加长时间。

步骤 2

把狗狗圈在围栏里面之后，主人可站在旁边，这时千万不可理会狗狗哭闹，要等到狗狗完全安静下来后，再给予最特别的点心以及很多的鼓励。

步骤 3

试探几次之后，此时主人可离开狗的视线，只

需短短几秒，若狗没吵闹，立即出现并给予奖励；若吵闹时，千万不要理会，不要目光交接，更不要开口喝斥。

步骤 4

慢慢将离开视线的时间由几秒拉长至几分钟，渐渐地狗狗便会适应自己独立在家，不会再有分离焦虑症了。

有一次，狗狗救援协会委托我去了解一只领养一个月后有严重分离焦虑症的大狗 Charlie（查利）。Charlie 无法独自待着，一定要领养人陪着它，吃饭、睡觉、上厕所、逛街等，都不能离开领养人。有一次领养人开车带它出门，才下车五分钟去买饮料，回到车上就发现座位被 Charlie 破坏了。甚至，有时把它关在家里才几分钟，Charlie 已经把门抓了个大洞……领养人实在头痛不已，于是想把 Charlie 送回协会，而且直说自己已经成为狗狗的囚犯，哪里都去不了。

当我开始接触 Charlie 时，发现它非常黏人，个性非常好。Charlie 刚领养回来时，领养人因为想好好地和狗狗培养良好关系，于是向公司请假两个星期来陪它。在这两个星期中，领养人非常有爱心和耐心地教导指令和散步的技巧，而且在短短的时间内，聪明的 Charlie 也学会了所有指令，和领养人之间的关系也愈来愈密切。

很快地，两个星期过去后，领养人要离开家去上班，噩梦就从这时开始。原本在被领养之前的 Charlie 没人理，突然在被领养后，一天到晚都有领养人陪伴，天天黏着领养人，心里终于有个依靠；但两个星期后，Charlie 的领养人突然要独自留它在家里八小时，试想，Charlie 的心情会是如何？

我和领养人沟通后，让她明白自己才是造成 Charlie 分离焦虑症的主因。我要她放弃所有指令的教学，让 Charlie 先学习正确的居家礼仪，包括领养人回家时，Charlie 若是激动，先以忽视为主，绝对不要给"坐下"的指令，务必要让 Charlie 自行冷静下来、自行坐下来，才给予称赞抚摸作为奖励。

吃饭时，也不要下"等待"指令，而是要让 Charlie 自行控制想吃饭的冲动，乖乖地坐下等待饭盆放下后，才可以过来吃。

平时在家，除非 Charlie 冷静地趴着或坐下才能获得领养人的注意力，再加上给 Charlie 设围栏，就算平时领养人在家，它也不能一直黏着领养人。从刚开始可以独自待在围栏里冷静五分钟，到慢慢地延长自己待在围栏的时间，短短的一星期后，Charlie 已经可以独自待在家里，不再给领养人添任何麻烦了。

问2

为什么当有人伸手想要摸狗狗时，它总是吠叫或咬人？

答： 狗狗的心智就像永远长不大的 1~3 岁的学龄前小孩，它对于成年人复杂的思绪无法理解太多。因此平时就必须像教育小孩一般设立规矩、订时间表，正确管理它们的衣食住行……必须完完全全照着学龄前的小孩一样看待，而不是一味地宠爱或打骂。

大部分的人都是等到宠出问题或打出问题后，开始责怪都是狗狗的错，其实 99% 狗狗的行为问题都是主人管理不当导致的。只要打骂一次，它们就会记住这种坏经验，所以若是用手打了它一巴掌作为处罚，那么同时也加强了狗狗对于手的恐惧，下次只要有人想用手去摸它，它直觉就会认为是要打它。所以只要看到手伸向它，它就会害怕，甚至会攻击。

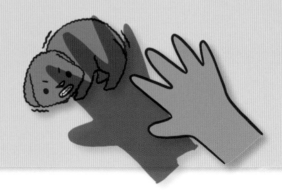

因应对策

采取一致性和一贯性的教育方式，用正面的称赞教育，找回狗狗对人的信任。

步骤 1

给予隐私，设置围栏或狗笼

狗狗和人一样，都是穴居动物，尤其狗狗住进人类家庭，它们还是需要有自己私密的空间。特别是对于胆小或心思细腻的狗狗，更需要用围栏或狗笼为其提供一个安全庇护所，在自己的空间里，它们会觉得安心。此外，要记住，狗笼和围栏绝对不能作为处罚的工具。

步骤 2

找回信任，忽视坏行为

当狗狗出现坏行为时，首先要完全不给予任何注意力，连责骂都不需要有。这期间，耐心很重要！

当自己情绪上来时，我们可以先暂时离开，如出门或进房间，不用理会狗狗，等到狗狗完全把精力消耗光，安静冷静下来时，再好好表扬和称赞。

这期间，可以用手去抚摸狗狗，让它们知道手不是可怕的，可以在平时多用手去喂食。

步骤 3

建立尊重，设置规矩

家有家规，狗狗和孩子一样也需要立规矩。所以，主人必须要订立一系列的规矩，并且一致性、一贯性地坚决执行，才能有效地让狗狗学会尊重。

注意，尊重不是靠打骂取得的。也千万不要相信罚站可以让狗狗听话这一无稽之谈，这只会让狗狗更加不知所措，咬人问题只会更严重。要知道惩罚和给予纪律是不一样的事。

狗狗该学会的规矩包含有：不扑人，见到人要坐下，不主动跳沙发、跳床、跳家具，平常当主人在家时不离开主人的视线（这时可以利用牵绳进行有效的管理控制），主人出门时待在围栏里。如果让狗自由乱跑，当它开始搞破坏后，我们要怪自己还是怪狗狗？想想狗狗的智力最高不超过 3 岁小孩，我们能怪一个 3 岁小孩长时间独自在家时乱破坏东西吗？

步骤 4

有效控制，打破心防

当有效地给予隐私保护，让狗狗找回对人的信任，加上学会尊重的规矩，自然狗狗会知道在主人身边是安全的，不需要害怕。

当有人要摸狗狗时，主人可以先用自己的手轻轻地放置在狗狗的脖子上（或扣住项圈），把狗狗的头转过来面对自己（给予安全感），然后等待狗狗冷静下来，再让别人来抚摸狗狗。这时狗狗若安定并乖乖地接受别人摸它，主人要非常开心，并发自内心给予夸张的称赞。

要特别注意，千万不要再因为狗狗凶人或咬人而去打骂它们，我们必须要负起责任，好好地控制它们，给予安全感，强化正面行为，自然可以正确地解决问题。

案例 S.O.S!

Sasha（萨莎）是一只 4 个月大的贵宾，主人打电话给我，抱怨狗狗上厕所的问题一直得不到解决而感到很困扰。主人说狗狗刚来到家里时，是很开心的，见人都会摇尾巴，但每次在 Sasha 上厕所没有照主人教的来做的时候，主人就会骂它、打它，从那之后，只要有人一伸手想摸 Sasha，它就会吠叫咬人。

TOM 帮帮你

当我见到 Sasha 时，它一看见我就开始吠叫，然后躲进沙发底下，我尝试着把手伸过去接近它，引诱它出来时，它就张口想咬人。

在了解它咬人的缘由之后，我开始给 Sasha 做加强好行为的正面称赞教育。例如：当它乖乖地守规矩上厕所时，我会很夸张地抚摸它，称赞它好

棒，然后给它点心鼓励。但当它又不好好上厕所时，除非当场看到，马上拍手阻止，并立刻带到户外上厕所，等待如厕完毕，一样给予鼓励；如果没当场见到，Sasha 又已经上完厕所，只能默默地先清理干净。

我用这样的方式教育了两天之后，Sasha 就学会了在室外上厕所，也开始信任人。经过一个星期的训练后，Sasha 又变回之前那只开心的幼犬了。所幸它才四个月大，所以之前主人的打骂教育在它心理造成的创伤还不算严重，若是狗狗已经四岁大，造成的伤害可想而知！

总之要切记，现今主人和狗狗的关系，已经宛若父母和小孩一般亲密了，所以必须把它们当做孩子去教育；**教育必须是一致性和一贯性的，家里每一个成员也都必须要遵照着设定好的规矩去约束狗狗，才会有良好的效果。**

问3

狗狗特别喜欢攻击男性，有时甚至连男主人都不放过。该怎么办？

答：　　首先要了解为什么狗狗会攻击人，甚至针对特定性别、人种或年纪的人。

　　狗狗是一直长不大的小孩，它们从小开始便是通过生活经验或主人给予的教育来学习未来的应对方式，如果不断地使用打骂教育，自然而然，狗狗会因为心中恐惧而去攻击来自保。

　　现在很多主人因为溺爱狗狗、不懂如何正确教育狗狗，导致变成狗狗来控制人。例如，当主人在吃东西时，狗狗会开始兴奋，不断地闹、不断地叫或扑人，这时心软的主人就会和狗狗共享这些食物，之后它们便学会通过一次又一次的闹、叫、扑人，来达到目的。

　　当狗狗知道"叫、闹、扑人"能达到目的时，便开始越闹越凶、越叫越大声，一次又一次地让没原则的主人妥

协。直到有一天，主人对狗的叫、闹和扑人反感，觉得愤怒又无计可施的情况下，开始通过打骂来反制。但打骂完之后，主人气消了，心也软了，又开始宠狗狗了，于是一下骂狗，一下宠狗的恶性循环就开始了，狗狗心理就会混乱，产生压力，就会利用更多坏行为来发泄。

通常男主人比较控制不住自己的愤怒，较易用打骂来阻止狗狗的问题，以为这样可以建立权威，长久下来，狗狗会因为过去的坏经验，对男性产生恐惧感，自然就会利用攻击来自保。

另外，还是要**特别强调，家庭成员对待狗狗的方式必须是一致性的，绝对不可有"一个唱红脸，一个唱黑脸"的不同教育方式**。若一个人过于严格，一个人又过于松散，狗狗会经过一段长时期的混乱，会不知道如何正确地与主人和其他家庭成员相处。混乱时期，自然没有安全感，没有安全感，就只能靠低吼恐吓、张嘴咬人来自保。特别是当男主人对狗狗过于严格，而女主人对狗狗非常宠爱时，同时狗狗发现了男主人对女主人言听计从，于是它理所当然地觉得有了靠山，因此当女主人在场时，狗狗就会恃宠而骄，男主人若想管教它，或当狗狗认为男主人有任何挑衅动作时，就会有攻击动作出现了。

【因应对策】

无论是什么原因造成狗狗对家庭成员的攻击性，只要记得，家庭里每位成员对狗狗的态度都要一样，千万不可有过度宠爱或过于严格的区别待遇出现；同时，若想用"以暴制暴"来建立权威，不仅无效，还会加剧问题的严重性。

步骤 1
制订行程表

何时该让狗狗出来玩，何时该回窝休息，什么时候上厕所……所有作息时间都必须事先制订好；在家里也必须要上牵绳，让狗在人的视线范围内，好好加以看管，就如同看管照顾幼儿一样。

步骤 2
犯错时不打骂

家庭成员应以忽略狗狗作为惩罚。而当狗狗平时做出好行为或冷静乖乖地待着时，我们要以鼓励的方式来加强这些好行为。

步骤 3

善用牵绳

狗狗在对男主人或其他男性凶狠甚至想攻击时，请利用踩短牵绳来控制狗狗，不要大声斥责它，这只会加深狗狗对男性的憎恨感。

步骤 4

耐心等待

等到狗狗冷静下来，不再对男主人或其他男性凶狠时，好好地称赞狗狗，可以让男主人或其他男性给予小点心以资奖励。

案例 S.O.S !!

有一只法斗——东东，平时会有攻击男生或攻击男主人的行为出现。在家中，男主人对东东非常严厉，会因为它不听话而骂它；但女主人则对狗狗非常宠爱，所以东东从没有攻击女主人的行为出现。虽然，后来主人把东东送去接受一个月的教育，攻击行为确实收敛减少了，但仍时不时还是会攻击男主人，无法做到完全没有攻击性，主人甚至猜想东东是否精神状况有问题。

TOM 帮帮你

为了正确了解东东攻击人的原因，我向主人做了一次详细了解。在深入调查后发现，东东从未攻击过女主人或其他女性，而攻击男主人的时机，大都是在女主人抱着东东的时候。

那么为何这会成为东东攻击男主人的起因呢？原来在家中男主人对女主人很尊重，凡事都是以女主人为主，而女主人又很宠爱东东，在家几乎都以东东为中心，所以当狗狗有坏行为发生时，男主人若想去教训它、打骂它，狗狗自然而然会去攻击男主人，因为它认为男主人在家地位最低，但却想去冒犯地位比他高的东东，狗狗为了保障自己的地位，直接的反应行为就是攻击。

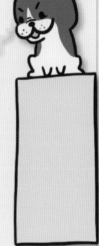

在我开始接手教导课程时，我发现东东有很强的领域性，于是就让主人先利用围栏来限制东东的行动范围，不再让东东认为整个家都

是属于它的领地。

接下来，我让主人制订东东一整天的行程表，从早上开始，包括上厕所、吃饭、冷静训练、玩、散步……若是在外自由活动两小时之后，就一定要回围栏休息四小时。即使平时没人在家，东东也必须要待在围栏里，主人可以在围栏里准备一些玩具和骨头，让它在感到无聊时可以啃咬。

让东东习惯在家接受控制之后，下一步就是上嘴套。我把东东带到教育中心做社交活动，让它能在受控的情况下，在不同的场地接受陌生人（尤其男性）的友善抚摸。每当它冷静，对陌生人没有任何凶恶的表现时，就给予大量的表扬。这段过程需要耗费一段较长的时间，毕竟习惯对人凶狠的东东，已经了解人会害怕它的牙齿，所以当它情绪上来时，就会毫不犹豫地张嘴攻击。

果然，在经过大量的社交活动训练之后，东东已经非常听主人的话，同时，也不会再张口咬男主人或其他男性了。

问4

? ? 狗狗是领养的，一带出门见到外人就会不停地吠叫或咬人；但不带它出门，就会在家一直叫，该怎么办？

答： 在台湾，"领养代替购买"的氛围相当好，但领养回来后能用正确心态照顾狗狗的人却是少之又少。常常领养回来后，会因为心疼狗狗过去的可怜遭遇，而一开始给狗狗过度的关爱，导致狗狗无法离开人，所以当主人一早要离开时，狗狗就会焦虑，只能靠吠叫或破坏物品来发泄。

再者，当宠爱过度，狗狗就会开始当小霸王，乱咬人、爱生气，这时我们再来把过错都归咎于狗狗，请问真正不对的到底是谁？试想，如果我们从孤儿院领养小孩回来，我们会因为他们过往的可怜经历就完全地放纵他们吗？当然是不会。同样的，有原则的主人，狗狗自然会有纪律、不混乱、有安全感，发生坏行为的概率就大大地减低。另一方面，如果主人对狗狗相同的行为，有时允许，有时又禁止；态度有时很温柔，有时又很凶，狗狗当然无法对人产生信任感，也会感到无所适从，在心理压力极大的情况下，许多的坏行为便会出现。

许多人认为领养回来的狗狗到处吠叫和咬人是因为曾经受过虐待。真是这样吗？例如，有些天性胆小的狗狗自小就跟着主人，但长大后会到处乱叫，或因为害怕而咬人的，它们也没受到虐待，完全就是因为天生个性胆怯，因此只要感受到威胁，便要以吠叫或张嘴咬的方式来对待。

我曾经看过一段影片，一个狗救援协会的人员去收容所想要接近一只狗狗，那只狗狗处于情绪激动，不让人靠近，且拼命惨叫，甚至有想张嘴咬协会人员的情况，大家就认为那只狗一定有被虐待过。但其实有没有可能是狗狗本身的天性就十分胆小，加上从小没有和陌生人社交的经验，所以十分排斥和陌生人接触呢？

到底要怎么来确认狗狗有没有受过虐待呢？很简单！主人可以观察平时狗狗对于某些特定打扮、模样的人士（例如，戴帽子或高壮男性），或是特定物品（例如，报纸、棒状物体、拖鞋），甚至特定环境，会不会有极大恐惧而产生吠叫或攻击等行为。若是有这些激烈的反应，那么我们就能猜测这只狗狗可能曾经是遭受过虐待。

第4计

　　每只领养回来的狗狗背后都有一段辛酸的故事，但无论故事多辛酸，它们就像小孩一样，不会将这些辛酸的往事一直记在心里，对于它们来说最重要的是当下。当我们领养狗狗之后，一定要用耐心、爱心和包容心正确地教育它们。**爱，不是宠爱；关怀，不是天天抱在怀中；教育，更不是教训。**

步骤 1

　　领养的狗狗回家后，面对陌生的环境、陌生的人，狗狗需要有安全感、需要有自己的隐私。请先尊重它们，准备属于它们的房间（可用狗笼或围栏），让它们能在自己的私人空间里慢慢地熟悉环境。

步骤 2

　　开始建立信任感！狗狗进家门后的前几天

非常重要，它一边要适应环境，一边要适应和不同的人相处，此时耐心很重要！这时即使狗狗出现凶人或吠叫的反应，也请勿责骂或试图安抚，请先采取忽略方式，等待狗狗自行冷静下来，再轻声细语和它交流或给予点心去称赞奖励。

狗狗之所以会凶，是因为害怕而做出的自保行为，利用吠叫把威胁驱赶，若此时越是责骂，狗则越害怕；抑或在这时安抚狗狗，也等于是在鼓励吠叫的行为是好的，会让狗狗误以为只要它出现凶恶状，人就会害怕。

步骤 3

当建立起信任（每只狗所需的时间长短不一，有些需要花费许多时间才能信任人，这和狗狗的天性有关），就要开始**在家里上牵绳，最好不要让狗狗在家乱跑，一直乱跑就会没规矩**。所以在初期就要让狗狗了解，在家要有规矩，这时候"行程表"就很重要了。

上牵绳还有另一个好处，就是当主人在给骨头或食物点心时，可以防止狗狗自行将食物拖去角落吃，这很容易造成护食的不良习惯。

步骤 4

当狗狗习惯了环境，好好按行程表作息，加上有牵绳的控制，基本上狗狗已经能乖乖听话，可以慢慢地带出户外学习冷静和社交；但在尚未确定自己能不能有效地控制狗狗时，千万不要马上就将其带出户外，这样只会让狗狗的脾气更暴躁。

案例 S.O.S!!

一个主人焦虑地来信：

我的狗狗"弟弟"是一只从收容所认养来的台湾土狗，它有严重焦虑症，平时根本无法离开我一分钟，所以只要我去上班，就会请妈妈来家里帮忙照顾它。有一次，妈妈提早赶回家煮饭，留狗狗独自在家，等我下班回家时发现狗狗已经趴在楼梯口狂叫，连管理员都在抱怨。我赶紧冲上楼，才发现家里的门大开，狗狗把门锁都咬坏了，看到这景象，我整个人都傻了！我试了很多的方法，例如给零食、玩具，搭建笼子，抱它亲它，甚至最后漠视、打骂、看心理医生和沟通师……但效果都不好。因为狗狗的过度吠叫严重扰民，我的邻居也一直要我把狗狗送走。我到底该怎么办呢？

TOM 帮帮你

在彻底了解整个情况之后，我发现"弟弟"不但有严重的分离焦虑，也有极强的控制欲。它控制人的第一步就是"叫"，叫到主人注意它为止。如果吠叫没用，它就进行第二步"抓人"；再没用，就用第三步"咬"。

主人说，"弟弟"常把她咬到瘀血，而且出门在外，走路也不能超过它，

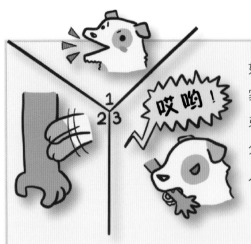

如果走在它前面，"弟弟"就会咬她；在家里，如果她或妈妈吃东西不分给"弟弟"，"弟弟"也会很凶地去咬她们。这分明是变相的"家暴"，只不过施暴者从人变成狗。

实施教育初期，对主人和对狗狗而言都是非常辛苦的阶段，尤其是对狗狗，它感受到主人明显不同于之前的管教态度，便开始不断抗争，叫得比之前更大声，咬得比以前更凶。但我强烈要求主人一定要冷处理，不要被狗狗影响，包括狗狗激动地大叫时，也不要理会，只要利用围栏和牵绳，让狗狗生气时咬不到人就好。就只有在狗狗冷静、不生气、温顺时才可以过去摸摸它，给它关爱。

我还要她天天写下狗狗的教育日记，借此可以看得出狗狗进步的状态。果然，在这样坚持三个月之后，狗狗有了巨大进步，出门时不再会大声吠叫，只会偶尔哼哼叫；也不会再破坏家具，散步也不会再暴冲！更开心的是，主人终于能好好上班不担忧，因为狗狗再也不会拼命破坏门锁，再也不会趴在楼梯口狂吠让邻居抱怨，狗狗真的变成了心肝宝贝。

狗狗不乖，一点都不能教训或惩罚吗？

答： 　　**打骂的惩罚效果都是暂时的**，过了一段时间，狗狗一定会继续再犯同样错误。但**打骂造成的心理阴影却是极大的，尤其是对胆怯的狗、心思细腻的狗，更不能打骂**。打骂不但会导致它们长大后的个性更胆怯，还会导致它们为求自保而产生更多攻击行为，导致其问题更加严重。

　　通常这一类的狗狗会对奖励、称赞或游戏失去兴趣，而且在初期建立信任都要花上好长一段时间，加上它们天性就怕人，打骂更是增加了建立信任的难度。另外，很多宠物行为学家或训练师忽略了问题的根本，哪怕一直不断地换方法，问题也永远得不到解决。

因应对策

采取"忽略坏行为，加强好行为"的教育方式，建立好的教育基础。

步骤 1

利用点心，增加主人和狗狗之间的信任和互动。

步骤 2

当狗狗开始信任主人后，就可以制定规矩，教育狗狗去遵守。例如，要等狗狗自行乖乖坐下后才给点心；当狗狗扑人或做请求的动作过于夸张且有乱吠等坏行为时，主人一定要完全忽视，**切记少说"不行"，多说"乖"**。

步骤 3

多和狗狗玩游戏，带它一起去运动……这些都可以加强狗狗和主人之间的信任和尊重哦！

案例 S.O.S

有一只比熊犬的主人打电话来向我求救，请我帮助他家一岁大的毛小孩——小乐。主人介绍，只要他们家有访客，小乐就会疯狂地追着访客攻击，平时在户外见到其他人和狗，也是非常凶。每次在小乐出现攻击行为之后，他都会教训或打骂，但小乐的状况不仅没有改善，反而变本加厉。

TOM 帮帮你

我教过无数的比熊犬，从来也没听过个性好的比熊犬会主动去攻击人，这案例引起了我极大的好奇心。

第一次去小乐家时，一进门就看见小乐非常激动地跑过来对着我吠叫，想攻击我。我让主人套上牵绳控制小乐，

我也趁着这个机会，观察家里成员与小乐之间的互动情况。我见到女主人开始追着小乐跑，尝试套上牵绳，同时男主人就在旁边呵斥小乐，希望借此让它停下来让女主人顺利套上牵绳。

我和主人针对小乐的问题做探讨，从主人的叙述里抽丝剥茧，终于了解小乐会攻击人的原因。小乐的幼年时期过得很悲惨，几乎每一天都在打骂中度过。在小乐来到这家后，若不按规矩乱上厕所、乱咬家具以及破坏私人物品时，同样地也是被惩罚、被打骂。小乐永远不知道何时又会被惩罚，持续生活在不安和恐惧中，这造成它很难再对人产生信任。

小乐第一次咬人，是在女主人的怀里。女主人的朋友想摸小乐，这时小乐突然就张嘴攻击，男主人非常生气，把小乐抓过去打了一顿。不打还好，这一打下去，小乐从此便开始对所有来家里的亲朋好友不分青红皂白地乱咬，就算在客人来的时候把小乐关起来，小乐仍会凶狠地狂叫，直叫到客人离开了才停止。自此，在小乐的心里烙下了"只要每次有访客来，我就一定会被骂或被关起来"的阴影，所以它才非常讨厌家里有访客。

经过彻底了解状况之后，我要男主人放下所有的打骂，在小乐冷静的时候给予称赞及奖励；但如果它仍一直叫，就不要理会。第一堂课，我用了近两小时才让小乐开始相信陌生人，抹去有陌生人来就代表它会被惩罚的阴影。

几个星期之后，男主人也已经会用一连串的称赞和奖励这种"加强好行为教育"的方式来取代原本的打骂，小乐真的进步神速！当我再次到访，不论是按门铃还是进门之后，它都会开心地摇尾巴迎接我，不会再狂吠了；主人的亲朋好友来到家里，也明显地感受到小乐是开心的，和以往的恶颜相向、狂吠以待，真是有天壤之别呢！这一次不光是小乐教育成功，连男主人都有很好的改变。

问6 为什么本来大小便有规矩的狗狗，突然开始随地大小便？

答： 许多人为了标榜正面行为训练，于是就拿一堆点心来做引诱，但加强好行为不仅仅只是靠点心贿赂，也不是因为你有了点心就能够让狗狗乖乖学习，这当中还是有许多学问和规矩的。

既然是加强狗狗的好行为，我们给的奖励必须是狗狗喜欢的，比如说拿球给一只不喜欢追球的狗狗，它会觉得是奖励吗？有些狗喜欢跑步，那么跑步就是奖励；有些狗狗喜欢食物，那么任何食物都是奖励；有些狗狗喜欢人的抚摸，那么抚摸就是奖励……**所以每个主人都必须学习找出自己狗狗喜欢的事物，然后再利用这些事物作为奖励。**

若是狗狗已经学会了好行为，之后就是要继续加强教育。这时候的奖励必须要随机而不是每次都可预测，以免它们之后每次都会有所期待，导致不给奖励就会有不听话的情况发生。

这一理论和狗狗突然随地大小便有什么关系呢？狗狗本来会在正确的位置上厕所，突然之间不断地乱上厕所，当排除掉生理原因后，

我们就要找出是不是在狗狗乱上厕所时会有奖励？也许你会纳闷：狗狗乱上厕所时我没有给点心，还都会处罚呢！但狗狗不会记得是奖励还是处罚，它只会记得，当没人理会时，只要乱上厕所就会引来主人的关注。对狗狗而言，它要的就是被注意，不管之后会不会被处罚，这种被注意对它们来说就是奖励。因此，它才会在突然之间开始乱上厕所。

　　记住，处罚非但无法解决问题，可能还会加重问题的严重性。

因应对策

　　在正确的时间点给予正面积极称赞强化教育，加强狗狗的好行为。

步骤 1

　　在加强好行为的情况下，我们要求的是给予奖励能直接连结到当下所做的行为，这时可善用"弹簧响片"（注1）来记下狗狗好行为的时间点。

步骤 2

　　当狗狗做对时，尤其是学大量才艺的时候，先利用弹簧响片捕捉当下的行为，再给点心或奖励。

步骤 **3**

平时不需要一直用弹簧响片来教育狗狗。只需在给予点心、拥抱或抚摸时，不断地重复"好棒""乖"等正面的字眼，很快地狗狗就会了解这字眼的意义。

步骤 **4**

当狗狗习惯之后，奖励行为也不能停，改为随机即可，狗狗便能因为期待而保持好行为。

(注1)弹簧响片：响片是一种用来训练狗狗的工具，通常按下时会发出"喀喀"的响声。一般当狗狗在学习新的行为或有好行为时，会用响片来标记它当下正在做的行为是正确的，给予它稳定的音量奖励，也让狗狗知道响片声音代表它们将会得到奖励。

案例 S.O.S !

有个主人打电话给我，他的狗 Leo（里奥）过去曾被我教过上厕所的礼仪，之后也都守规矩知道不可以在家里乱上厕所，会乖乖地在户外上厕所。但最近 Leo 不在外面上厕所了，每次都是趁主人在家时随意乱大小便，让主人相当困扰。

TOM 帮帮你

在协助处理 Leo 乱上厕所的问题之前，我要求主人先带狗狗去看兽医，确认不是生理的问题之后，我才开始教育课程。这是非常重要的！**狗若是突然改变了既有的行为模式，请先带去看兽医，确认不是因为生理的疼痛或疾病影响所致**，千万不要急着去纠正，否则只会加深狗狗的痛苦，也是不人道的。

在看完兽医，确认 Leo 是健康之后，下一步就是询问主人是否每次带出去上厕所时都有称赞、鼓励或奖励。经过了解，原来是因为主人认为 Leo 已经学会上厕所，所以没有再加强奖励的行为，加上这一阵子很忙碌，Leo 几乎都是由别人带出去上厕所，主人已鲜少参与，恰好 Leo 开始乱上厕所的时间点，也就是主人开始忙碌的那段时间。

主人说，每当 Leo 要乱上厕所的时候，都会先走到他的面前蹲下，然后撒尿，跑掉。主人见状，就生气地去追 Leo，追到之后，就会再把 Leo 带出门外，让它继续上厕所上干净。听到这里，我心里已经知道为何 Leo 会有乱上厕所的问题。平时主人因为忙，没有时间照顾 Leo，唯一会去注意 Leo，只有 Leo 在家里，在他面前撒尿的时候，主人才会追着它跑，然后再带它出去，这也是 Leo 唯一能享受你追我跑的乐趣的时候。

在了解问题的症结点以后，我告诉主人在带 Leo 出去上厕所时，一定要再继续称赞教育，最好能有点心作为奖励，平时也要多花时间和 Leo 玩游戏以及出去散步，让它能消耗多余的精力。但若是 Leo 再走到主人面前故意撒尿时，一定要直接忽略、无视，等到 Leo 走掉后，再去清理排泄物。结果才过一天，主人就打电话跟我说 Leo 再也没有乱上厕所了。

狗狗几岁开始可以上教育课程？如何让狗狗乖乖上课？

答： 在过去，带狗上课都需要等到幼犬至少6个月大时，这不仅仅因为要等幼犬打完所有预防针，也因为过去的训练方式对于（学龄前）2~6个月的幼犬而言过于激烈粗暴，多数都是以纠正训练为主。例如，教导3个月大的幼犬跟随散步，当幼犬往前冲时，以前的传统训练方式是用一直快速地扯牵绳以示警讯。这对3个月

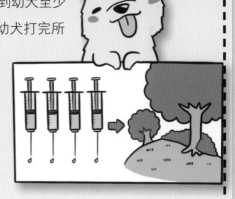

大的幼犬来说，不仅会造成生理上的伤害，更会让幼犬的心理产生莫大的阴影，可能会害怕牵绳，可能会害怕训练师，甚至长大后看见类似训练师模样的人也会害怕吠叫，还会有攻击性。这也是为何现在"加强好行为"的教育方式越来越普遍的原因，并且**加强好行为教育，从幼犬2个月大时就可以开始了。**

因应对策

要让狗狗愿意乖乖上教育课程，事前安抚很重要！要耐心以待，使其信任服从！打骂狗，只会起到反效果，破坏彼此关系，狗狗也会有更多坏行为发生。

步骤 1

在幼犬吠叫或焦躁时，我们要耐心等待幼犬安静下来，可以轻轻抱着它，帮助它冷静下来。

步骤 2

冷静后给予言语称赞，或给点心以示鼓励。

步骤 3

慢慢戴上项圈和牵绳，动作一定要轻、要慢，避免让幼犬感到压力或使其焦躁。

步骤 4

开始教育课程，完成时给予奖励或称赞。

注意：如果幼犬在训练期间发生抗拒、挣扎的情况，请停下所有动作，耐心等待，待幼犬再度冷静下来，及时给予轻声细语的称赞，方能再继续进行下一步。

有个新手饲主急寻幼犬礼仪教育课程，原因是他三个月大的萨摩耶Snow（小雪）才带回家四天，已经快把家人给搞疯了。

白天 Snow 只要看不到人就会拼命叫，鲜少有安静下来的时候，还不断地乱咬家具。另外，当主人想放它进狗笼睡觉，Snow 马上就会尿尿、大便，把自己搞得一身脏，逼得主人放弃把它放在狗笼里。

到处乱上厕所更是常态。晚上因为 Snow 不肯在狗笼睡觉，只好放它在走廊，主人在走廊上放满了狗尿布垫，以防 Snow 乱大小便把木地板尿坏；同时，只要 Snow 被放出来玩耍，也总是一直往人身上扑，不然就是咬人的后脚跟，有时甚至对小孩子有骑乘的动作出现……面对这些状况，家人却拿 Snow 一点办法都没有。

当我第一次见到 Snow 时，因为我是陌生人，Snow 一看到我就表现得非常开心和兴奋，马上扑过来欢迎我。单以性格评估来说，这当然是好事情。但接下来，我让主人和其他家人去拿项圈和牵绳，要求他们帮 Snow 戴上去，想要借此观察 Snow 和家人的互动情形。没想到，家里没有一个人可以控制

它，大家手忙脚乱地想帮 Snow 套上项圈和牵绳，但兴奋的 Snow 根本不想被制服，于是便开始上演一出你追我跑的好戏。其实，这戏码早从 Snow 一进家门时就上演了，因为自一开始，就没有人可以控制 Snow，导致 Snow 一直都处于急躁不安的状态。

这时候该怎么办呢？怎么做才能让 Snow 乖乖听指令呢？我先要他们停止追逐 Snow，等待 Snow 从兴奋焦躁的状态转为冷静之后，再给予称赞，然后再进行下一步。

如何让狗狗冷静下来呢？例如，当我要帮它套上项圈和牵绳时，无论 Snow 如何急躁，我都只是耐心并冷静地轻轻抱着它，等它慢慢冷静下来后，给予称赞，这时候再慢慢地上项圈和牵绳。而在熟悉狗笼的练习中，也是等待 Snow 吠叫完之后，才给予称赞或奖励。不过才短短 15 分钟，Snow 就能从原本在狗笼中吠叫不已，转为可以乖乖地坐着并有耐心地等待我们放它出来玩。

在这第一堂教育课程里，我完全没有利用惩罚或责骂来教育狗狗，都是冷静以对，等到 Snow 做到要求后，再给予称赞或奖励。这效果非常惊人，而且可以让敏感的幼犬在快乐的称赞和奖励中成长，也加深对家人的信任，这对狗狗的成长过程是有极大益处的，也能帮助它在未来成为一只身心健康的好狗狗。记得，**"耐心"是教导幼犬最有用的工具。**

为什么狗狗看到其他的狗就会吠叫或暴冲?

答：　　狗狗看到其他的狗会吠叫或暴冲，大部分都是因为狗狗从小社会化不足，以及主人无法正确有效地去控制狗狗。所以在一开始养育狗狗的时候，第一个要面对的就是乱上厕所、乱咬东西、乱叫、乱抓，甚至扑人等问题。等到这些问题都解决了，学习了在家里该有的基本礼仪，狗狗和主人之间有了密切的信任和尊重之后，下一步才是开始带到户外，进阶学习如何与其他狗狗和平相处。也只有在这个时候，才需要开始带入"指令"来让狗狗得到进一步的户外控制。但是，若连最基本的礼仪、对人的尊重都还不懂，那么指令对狗狗来说，也只是操控人类从而得到点心的手段之一罢了。

　　提醒大家，教导指令并不是开始养育狗狗的第一步。在**教导狗狗时，无论是幼犬还是成犬，第一步都是由信任开始**，借由加强好行为，以称赞和肢体语言不断地让狗狗在无压力状态下和人开始相处。

　　再来就是学习尊重，了解狗狗的天性才能正确地管理它们的衣食住行，这时可再加上运动和制定生活规矩来加速建立狗狗与人之间的良好关系，最后才是加上指令，让狗狗有更多的挑战来"服从"我们。通常在这个时候，狗狗也已经差不多6个月大，可以带出门利用室外场合的一些干扰给狗狗更多的挑战，这时就可以通过指令来和狗狗沟通，慢慢地也可以利用指令来开始做无牵绳训练。

因应对策

请冷静！当狗狗已经激动到吠叫或暴冲，我们再多的阻止和叫嚣指令，只会加强狗狗的当下反应。

步骤 1

逆向操作： 在安全保证（放在围栏内或踩牵绳）的情况下，先让狗狗冷静下来，并不断称赞鼓励冷静的行为。

步骤 2

引入刺激： 可让朋友家的狗（要稳定冷静的狗）来自己家里走动，以起刺激作用。如果这时家里的狗狗看到其他的狗已经开始激动，先等待它消耗所有精力（最好在教育前，先带狗狗做运动或跑楼梯等来消耗它多余的体力）自行冷静后，再称赞其冷静行为。

步骤 3

加强刺激：可从一只狗增加到两只狗，也可选在狗公园里人比较少的时候，先让狗狗在狗公园外边练习冷静。

步骤 4

正向加强：当狗狗可以有效地管理情绪，表现冷静后，就可以让狗狗自由地玩耍作为最终的鼓励。但若是在玩耍期间又出现对狗吠叫的情况，再把狗狗带回来，重新等待至狗狗冷静后才可以再进行玩耍。

案 例 **S.O.S**！

这是只 1 岁大由收容所出来被领养的混种德国牧羊犬 Ginger（生姜），领养人才刚将它领养 3 个星期，就开始带它去狗学校上集体课程。Ginger 对人非常亲近，但只要一看到其他狗就非常激动，甚至想冲过去攻击。领养人带它去上了几堂课后，就被狗学校要求不能再继续上课，因为无论怎么给指令，Ginger 还是会继续对其他的狗吠叫。之后换了不同的学校，结果还是一样，这让领养人非常伤脑筋。

TOM 帮帮你

　　领养人和 Ginger 到我中心这里时，从他们一进门，我就开始观察。Ginger 几乎是被领养人拉着进来的，无论领养人怎么想控制它，给指令让 Ginger 坐下，Ginger 也完全不理会。

　　过了几分钟后，Ginger 还是不受控制，于是我请他们停止控制 Ginger，干脆让 Ginger 好好地发泄一下。这时 Ginger 就开始不停地在中心里对其他的狗狗疯狂吠叫，这过程中，我只是踩着 Ginger 的绳子。就这样，Ginger 一直叫了一个多小时，终于等到它累了，慢慢地冷静下来了，我才轻轻地摸它，让它知道只有冷静之后才有鼓励。

　　在详细了解状况之后，知道 Ginger 在被领养之前，是处于怀孕的状态，所以当时任何狗对它来说，都是具有威胁性的。在被转送到收容所之后，虽然已经生产，也做完结扎手术，但它对陌生狗的情绪和经验却始终停留在怀孕时期，所以即使 Ginger 被领养了，到了温暖的家，但因为对环境的不熟悉及不适应，才会让它仍一直处于焦躁紧张的状态。恰好这时候领养人又急着带它到处去上团体训练课程，想让它听话和学习如何跟其他狗社交，以为这样就是对它好，于是尚在适应环境的 Ginger 为了自保，加上过去的恐惧经验，才会让它看到其他狗就开始吠叫甚至攻击。

一开始，我先和主人深谈，让他们先了解"信任""尊重""服从"这一系列过程对建立狗狗与他们之间关系的重要性，也让他们知道，若是想让 Ginger 有安全感，不会对其他狗有攻击性，那么一定要让 Ginger 了解，他们才是 Ginger 的父母。

接着，我在初步评估并了解 Ginger 的个性后，便开始了系统化的教育。由于男主人非常喜欢跑步，加上 Ginger 是混种牧羊犬，需要大量运动，**所以在经兽医诊断，确定 Ginger 的身体状况和腿部关节可以承受长时间跑步练习后，**就开始让它每天上午和傍晚各用 1 小时跟着主人跑步来消耗体力。这一步骤主要是鼓励 Ginger 忽视其他的狗，只专注在跑步这件事情上。果然，在跑步的过程里，Ginger 因为跟着主人专心跑步，自然对于别的事物就不会有太多的关注了。

消耗掉 Ginger 的体力之后，接下来就是室内练习。我让主人定下行程表：让 Ginger 3 小时在围栏内，1 小时自由时间；然后 3 小时再在围栏内，1 小时自由时间……依此类推，晚上都要在围栏里睡觉。让 Ginger 在家里按表操课，借此也让它知道在围栏里是安全的，是专属它的无人打扰的小空间，加速它适应环境。

在 1 小时的自由时间里，主人带她出来上厕所、吃饭和游戏；Ginger 不得自行上沙发或床，除非是经过主人允许。同时，通过每星期固定的狗公园社交，我也让 Ginger 学到如何正确地和其他狗社交，以及如何忽略其他狗的挑衅。短短的 3 个月之后，原本需要带口罩防止攻击的 Ginger，已经可以不用上口罩就能安全地和其他狗接触了。而在这之后，Ginger 参加任何集体学习课程，也都没有再出现激动吠叫或攻击其他狗的行为了。

问9 狗狗做错事情时，可以拎它的后颈来纠正它吗？

答： 在早期有很多关于这类的教育，在理论上其实没有错。若各位有研究过狗妈妈和狗宝宝的相处模式时会发现，因为它们没有和人类一样的手或语言，所以狗妈妈要纠正狗宝宝时，最有用也唯一能用的方法就是用嘴叼起狗宝宝的后颈，并在后颈上略施加咬力，让狗宝宝哀哀叫，借此让狗宝宝知道下次不可以这样做。这就是为何狗脖子上的皮肤是如此的厚实、松软。

身为人类的我们，**其实不需要利用拎后颈来纠正狗狗，取而代之的应该是利用项圈来纠正狗狗**，但只要狗狗乖了，记得一定要鼓励狗狗哦。

TOM 第9计

不！

+・┤ **因应对策** ├・+ 采用处罚培训教育（正面处罚）。

这是一种会让狗狗加强或延长它们反感刺激的教育，例如，当狗狗做错事情时，主人厉声说"不"，利用这样的正面处罚来让狗狗停止做错事。**切记：处罚绝对不是让狗狗遭受生理上的疼痛哦！**

步骤 1

当坏行为出现时，用手轻扣住狗狗的项圈。

步骤 2

这时狗狗可能会想挣扎逃跑，可以利用牵绳，用脚踩牵绳来达到控制的效果；也可说"不"，或什么都不说静静等待（我比较喜欢静静等待，等狗狗的精力完全消耗掉，自然就会冷静）。

步骤 3

在狗狗冷静下来后，就可以松开手让狗狗自行活动哦！因为狗狗喜欢自由，喜欢到处玩，所以当做错事情时，利用"Time-Out（暂停）"限制其活动，让狗狗冷静后才离开，之后狗狗就会为不被限制活动而避免犯相同错误。

案 例 S.O.S !

一只小型犬波波的饲主，在以前就被兽医师教育，如果波波不听话，可以拎着它的后颈（像母狗在拎小狗的后颈这样），然后直视它的双眼，严肃地警告它……并说只要操作几次之后，就可以改善毛孩子的坏习惯了。现在波波两岁，没有做错事时，主人一样也会习惯这样拎它，例如，它跳不上车，主人就会顺势拎它进车子里。但是最近这样拎它的时候，有些毛妈毛爸会制止、会问："这样狗狗不会不舒服吗？"但因波波从没有反抗过，也没有因为不舒服哀嚎过，所以主人疑惑，到底这样的方式正不正确呢？

TOM 帮帮你

不是每一只或每一种毛孩子都适合用这样的方式来教育，尤其随着年龄的增长，它们的体重和体形也不断增大，叼脖子可能会造成某些品种幼犬的表皮和皮下组织的分离（如英国斗牛犬、法国斗牛犬、巴哥、黄金猎犬、拉不拉多等体重较重或体型较大的犬种）；再加上不当地滥用此教育方式（许许多多原本好的教育方法，因为人类的错误认知，不当使用及滥用，现在都被归类于"虐待"），人们开始对此教育方式反感，认为用此方法就是虐待狗。

不过在普遍大众的认知里，除了幼犬做错事情才要被拎脖子，成犬是不应该、也不需要被拎脖子的，这也就是为何波波的主人会遭他人制止的原因。所以为避免以后别人误会，建议用抱代替拎脖子，**当狗狗跳不上车时，只要帮它把屁股往上抬一下就可以了**，也不会因此造成多余的误会。

现在回归问题重点，拎狗狗后颈是正确的教育方式吗？这没有正确答案。我们所需要的是教导大家如何正确地使用教育方法而不是一味地排斥，一味地以讹传讹。

狗狗为什么总是会对着某个特定的方向吠叫，明明那个方向没有人？

答： 狗和人不一样，它们基本上不是靠视力，主要是靠嗅觉和听觉进行判断。**它们不仅是大近视眼、色盲，而且距离太近又无法对焦**，试想，叫一个大近视眼去分辨假人和真人，能分辨出来吗？**它们真正厉害的是听觉，可以听到最少 500 米距离处的声音**，甚至在安静的情况下，可以听到1000 米以外的声音。同时，因为是群居动物，当它们听见可疑的声音时，便会用叫声来警告，以驱逐入侵者。

由于房子的角落往往都是昆虫、小动物通过的"交通要道"，尤其老鼠，都是喜欢沿着角落跑，这就可以解释为何狗狗总会对着角落盯着看或叫。

下次若家里狗狗又盯着角落不断吠叫时，可以从科学角度来想一想，你就不会感到害怕啦！不过，有时狗狗半夜狼嚎的声音，听起来还的确会让人毛骨悚然呢！

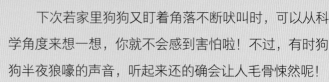

第10计

因应对策

在夜深人静时，狗狗一听到声音便发出似狼嚎的叫声，还真的挺吓人的，那该怎么办？其实还是有好方法可以有效地减少，甚至停止这种行为哦。

步骤 1

让家里环境不要太安静，可以开音乐、听广播，让环境中有其他声音干扰狗狗听觉。

步骤 2

当狗狗开始吠叫时，可以轻声叫它安静，然后把手轻轻放在狗狗的后颈上，耐心等待它冷静放松下来。

步骤 3

当狗狗冷静放松后，以称赞鼓励它放松的状态。

步骤 4

平时可故意制造些声音刺激狗叫，等待其冷静下来后称赞，然后再重新刺激一次，一直到狗狗对刺激完全不叫，这时可给更多奖励，这就是一种"减敏"方式，减少狗狗对于声音过于敏感的状态。

案 例 S.O.S !!

有一位饲主来问我，说他家的毛孩子，常常会对着家里某个方向或角落吠叫，有时甚至会"吹狗螺"。在制止无效时，只能强行把它拉走或转移它的注意力。但主人常常会被狗狗这样的举动吓到！他们听说狗"吹狗螺"，代表会有人死亡。这到底是真的吗？狗真的能看得到我们看不到的东西吗？

TOM 帮帮你

这是一个非常有意思的问题。无独有偶，对于狗狗的超自然事件并不仅仅只有在亚洲流传，许多欧美国家的文化中也都有这样的传说。

历史上有关"吹狗螺"的故事可追溯到古埃及时期，相传阿努比斯（Anubis）是埃及神话中专门掌管死

亡的胡狼头神，所以当狗在嚎叫时，被相信是在呼叫阿努比斯的灵魂。而在过去，爱尔兰人也相信，狗嚎叫是因为它们听到其他猎犬在荒野中带领着死神在天空追逐死亡的灵魂……再加上以往老一辈的人缺乏对狗感官的认知，于是就认为所有的动物和人类都用一样的方式看这世界。

"吹狗螺"其实就是狼嚎，不过在解释"吹狗螺"之前，我们要先有一些关于狗狗的基本常识：**第一，它们是群居动物；第二，它们的嗅觉特别灵敏。**

狗狗的嗅觉灵敏到可以从空气中闻到所有残留的味道。通常火气大、肝不好的人都容易有口臭，旁人都可以闻到了，更何况是嗅觉极度灵敏的狗。甚至现在有许多的狗训练是为了有癫痫症的患者而做的，因为当患者癫痫发作之前，体内血糖会改变，会产生一系列化学反应，会有气味散发出来，此时嗅觉敏锐的狗马上就能察觉，进而及时警告患者要小心。另外，还有更多的狗狗被训练投身医疗界来帮助"闻到"癌细胞……这种种现象都反应出，狗的嗅觉是可以察觉到我们身体内微小的变化的。

那么，这些和"吹狗螺"又有什么关系呢？其实，人在将死之前，大量细胞会快速死亡，身体就会开始散发出"死亡"的味道，身为群居动物的狗，自然会因为家庭的一分子要离开而有所表示，"吹狗螺"便是它们社会化的仪式之一。另外，"吹狗螺"还有宣示自己地盘的意味，就像它们的祖先"狼"一样，利用狼嚎来警告入侵者，同时也宣示自己的地盘。

再者，因为狗狗是群居动物，当它们被迫和主人分离时，便会因孤单而开始嚎叫。在早期，饲养条件不佳，狗在主人生病时，基于健康缘故，往往都是被迫长期和主人分离，导致狗会因为思念而不断地往主人方向嚎叫。所以，下次再遇到狗对某个方向嚎叫或"吹狗螺"，请先想想狗狗是如何感受这世界的，就不会觉得恐惧了哦！

问11　为什么狗狗一出门就会不停地乱叫？

答： 无论中大型犬、小型犬或迷你犬，它们都是狗狗，就像小孩一样。若从小就对它们的社交活动、户外活动开展教育，到长大它们就会是有礼貌、善于社交的狗狗，出门绝对就是人见人爱的"明星"。尤其小型犬不仅可爱，它们也很聪明伶俐，但有时就是过分地敏感，导致一听到声音或看到比自己体形大的狗狗就会乱叫。所以，如果你养的是一只聪明的小型犬，正确的教育会让狗狗更人见人爱的。

地盘

当幼犬出生大约5个星期后，已经开始会走，会和其他幼犬一起玩耍，母狗就会开始教导幼犬要跟着自己一起乖乖走。再来，好习惯是从小养成的，狗狗为什么会出门就乱叫，有时候是因为胆小害怕，所以叫是为了壮胆；有时却是因为宣示主权；有时也是因为太久没出去而激动吠叫……无论是哪一个原因，在教育之前，一定要先确定乱叫的原因，进而再做正确的教育。

因应对策

采用正面积极强化教育，让好行为因为一个理想的结果而更强化。

步骤 1

出门前一定要先上项圈和牵绳。

步骤 2

先耐心等待狗狗冷静下来才开门。若一开门，狗狗就激动吠叫，应立即关上门，等待其冷静。

步骤 3

冷静后，称赞鼓励再出门，这时因我们不断加强冷静，所以狗会记得当下的加强。

步骤 4

出门不要走远，刚开始先在家门口附近走，如果开始叫，可以直接回家，等待狗放松、冷静，称赞后再出门。

步骤 5

渐渐地可以越走越远，如果狗太激动，先稳住狗，不要紧张，不要急着制止，不然会造成反效果。这时可以踩短牵绳，然后静静等待狗叫完，自行冷静后，加强冷静。

我家里的柴犬已经 1 岁大了，在它 3 个月大刚到家里来的时候，因为觉得它属小型犬、年纪又小，所以很少带出门，觉得并不需要特别教育它。一直到现在它长大了，我想要开始带它出门社交时，却发现它一出门就会不停地乱叫，看到人也叫，看到动物也叫，实在让人相当困扰！于是渐渐地我不敢带它出门了，但狗狗没有社交活动是可以的吗？

TOM 帮帮你

古时，小型犬的繁育就是为了要取悦贵族阶层，所以诞生后常常都是被主人抱着宠在怀里。而因为小型犬体形小，通常主人都会想"反正在家里，也伤不了任何人"……但殊不知，狗狗很容易因为主人无节制的宠爱以及放纵，便会开始肆无忌惮地对人或其他狗狗乱咬乱叫。

想想，若要你十几年，甚至一生，都待在同一个空间，面对同一个人，不就和被判了无期徒刑没什么两样吗？悲惨的是，许许多多的小型犬真的都被主人的宠爱所害，被判了"终身监禁"，但主人却还觉得狗狗跟着自己在家是有多幸福、多开心（甚至有更多的小型犬被宠爱之后，因此凶主人、咬主人，这时主人就会认为是狗狗不乖，只会用打骂来建立权威，殊不知，这一切都是自己惯出来的，狗狗根本是无辜的）。案例里的这只柴犬从小在没有规矩的环境中成长，现在1岁多了，才要来约束它，虽然比较困难，但还是有方法，我建议主人要按照"好狗狗四星期教育课程"（本书第四章中有详细介绍）来教育。果然，在我循序渐进的教导下，这只柴犬慢慢地增加了稳定性并增强了社交能力。

在这里还是要再特别强调，许多饲主在一开始总因为幼犬的可爱而一味地宠爱，以为它们还小并不需要教育，等到长大再说也来得及。但是放任其长大之后，坏习惯早已养成，这时要再去教育它们，它们当然无法接受，一定会和你对峙、对抗、吵架。错误一开始就是我们人类造成的，但这时你再去和它们生气，对它们公平吗？

所以，**狗狗一定要在2个月大时就要开始教育，该学的规矩都要学**，例如，不能上沙发、不能上床铺、不能扑人、不能咬人等。当然，教育方式都要用"好"来取代"不"，利用正面加强教育，多带它们出去社交、运动，让它们在快乐无压力的环境中成长。等长到成犬时，它们就一定会是人见人爱的明星狗狗了。

跟狗狗玩游戏的时候，它总喜欢张嘴作势咬人或轻啃，这样的行为可以吗？

答： 狗狗在6星期大到8星期大这个时期，是它们同类之间彼此学习控制自己玩乐时咬合力道的阶段。兄弟姐妹在玩乐时若有被咬痛，它们就会排斥爱咬的那只同伴，若咬得太过，狗妈妈则会过来咬着压住那只毛孩子，有时甚至咬到那只毛孩子哀哀叫，让那毛孩子知道不可以咬得太过火，这就是狗狗的世界。

虽然狗狗的轻咬行为有时在饲主看来天真可爱，但因为小狗狗拿捏不好力道，一个不小心可能真的就会咬伤你；还有，张嘴咬的动作若成了习惯，狗狗一旦遇到不开心，就会开始张嘴来恐吓，就永远学不会"不能张嘴对人"这项重要的功课。

TöM
第12计

因应对策

采用消极处罚（不予理会）+正面积极强化教育（加强正确行为）。

步骤 1

当它们张嘴想和我们玩时，你要直接站起来或停下所有动作不予理会。

步骤 2

若狗狗仍是张嘴，请抓着项圈不动，冷静对待，任由它们去恐吓、去挣扎，千万不能也不要打它嘴巴。

步骤 3

耐心教导（如果狗狗牙齿尖利，请利用厚手套，防止被咬伤），待它冷静下来不咬或开始舔手之后，再靠近它跟它玩，让它学习到只有温和地玩才能继续游戏。

步骤 4

一定要给予口头奖励，以"好棒""好乖"等正面积极的称赞给予肯定，让它们知道冷静不张嘴是一件非常了不起的事情。

案 例 S.O.S!!

一只 6 个月大的博美狗，每次在主人逗弄它的时候，它总是非常喜欢咬主人的手，虽然有时只是作势或轻轻地啃，但仍让饲主感到威胁。有一次狗狗就因为太过激动，真的咬伤了饲主。饲主不胜其扰，于是来求助我到底该怎么办。

TOM 帮帮你

我常常跟饲主们说："毛孩子的利牙，就像小孩身上带着的刀。"所以，我们要正确地教导孩子们，刀子是用来吃饭切肉的，而不是用在情绪上，拿来恐吓攻击别人的。

很多饲主都有因狗狗会不断咬手，或在玩的时候不断张嘴而感到困扰！其实，当幼犬出生大约 5 个星期之后，就已经开始会走，会和其他幼犬一起玩耍，母狗这时就会开始教导幼犬了；再者，好习惯是从小养成，教导幼犬就是要从小开始。

我们人类的皮肤比较娇嫩，所以即使只是被牙齿轻轻刮到，都非常痛！若狗狗在换牙时期，因为牙齿痒，所以看到什么东西都会咬，这时可以给磨牙棒（有牦牛肉棒、啃咬玩具等，可去宠物店询问哪一种适合自己的狗狗）。

同时，在这时期也要一直看着狗狗，我们的物品、家具才不会被损坏。若想以最小努力达到教育的最大成效，制订狗狗平日的作息行程表是必须的，不可对其采取放养的方式。平时让它在专属的安全地方待着，而该出来玩的时候，我们就必须陪伴着它们。

要教育狗狗不张嘴其实不难，但一个先决条件是**在任何情况下绝对都不要用手去逗它们或用手和狗狗玩**，因为一旦习惯了，它就会把你的手当做玩具，在看到你的手又过去逗弄它的时候，自然就会张嘴去咬，所以平时就要让它们习惯和玩具一起玩。

跟它游戏的时候，若它又想咬人，饲主应停下所有动作 15~20 秒，待它冷静下来不咬之后，再继续和它游戏，但都要以无需接触的游戏为主，如捡球游戏。慢慢地，当狗狗又想张嘴咬人的时候，就会因为饲主停止、离开的动作，开始寻求其他玩具的慰藉。

　　在陪伴狗狗的过程中，若几次下来狗狗仍不受控制还是喜爱张嘴威胁，那么就必须要找专业人士以最正确的方式来教导，千万不可用打骂威胁来达到目的。要记住，**耐心、冷静和沉稳才是教育狗狗的关键。**

问13　狗狗不怕陌生人，看到人都会扑过去玩，这样好吗?

答: 狗狗之所以会不怕陌生人，是因为现在很多人饲养狗狗都喜欢让狗狗和其他狗或人一起玩，这样可以让狗狗多和外界接触，增加社交能力，尤其对于**胆小的幼犬，从小开始培养社会化，可促进其长大后成为自信的狗。**

在北美，饲主都是希望狗狗能对陌生人友善、不会怕陌生人、不对陌生人乱叫，所以从幼犬时期就会带它们去陌生的环境，实地学习遇到陌生人不要激动、不要乱叫，当幼犬做到后，及时给予表扬，让幼犬在开心的氛围中完成学习。

·因应对策·

使用正面积极加强教育。

步骤 1

当狗狗激动扑人时，应冷静应对。先稳定狗狗，这时可扣着项圈，等待狗狗自行冷静。

步骤 2

冷静后，先口头称赞，等待其自行坐下，再给点心。

步骤 3

狗狗冷静后，才让对方一步一步靠近。

步骤 4

若狗狗又开始激动，不坐下，请对方停止靠近，等待狗狗

冷静下来，再重新靠近，以此不断地重复练习来加强狗狗对一件事情的记忆。**但要想让狗狗养成习惯还要每天坚持训练，**直到狗狗能清楚地理解、牢记不可以扑陌生人，并且养成习惯后，才能停止这一训练。值得注意的是，如果狗狗在训练的过程中能很好地抵抗住陌生人的诱惑完成训练，那么也要第一时间给它鼓励和赞扬，你可以摸摸它的身体，也可以给它一些美食作为奖励。

案例 S.O.S！

我收到一个主人的求救：我养了一只罗威纳幼犬，它除了给我作伴之外，我也希望它能够贴身保护我，所以我刻意不想让它和一般人太亲近。但我发现，它看到陌生人都不太会叫，我很担心当有坏人时，它保护不了我，也不能保家护院。该怎么办？

TOM 帮帮你

在回答这一问题前，我先解开下许多人的迷思：大多数人都认为若是要选作为守护犬的狗狗，一定要选择军犬或警犬之类的品种，因为它们天生具有攻击性，见到会动的东西都会想扑上去咬。相对地，家里若是有只守护犬，只要它见到陌生人就咬，不论这个陌生人是好人还是坏人，那么它都会被认为是一只好的守护犬，因为会咬陌生人的狗狗就懂得保家护院。

事实正好相反，**其实会攻击人的狗大多都是胆小的，都是基于自保而先攻击人，并不是真正的具有正确的分辨能力、训练有素的狗。**于是我告诉那位饲主，他的狗狗看到陌生人不会叫其实不用太担心。实际上，真正懂训练军犬和警犬的专业训练师，在选择幼犬时，都会偏向选择个性稳定、有自信、善于社交、胆大心细、训练度高的狗狗。若是在训练过程中，狗狗有低吼或乱攻击的行为，都会被视为胆小没自信的表现，像这类犬种都会直接被淘汰，而且没有任何机会再重新接受训练，因为天性是无法改变的。另外，在训练过程中，训练师也会通过大量的社交，来确保它们从幼犬到成犬时期能拥有正确的分辨能力。

所以，在**养育守护犬时，幼犬时期的社交是非常重要的！但不用担心它们因此会失去保家护院的特性，因为这是天性。**我教导过无数的守护犬，它们在外面对非威胁的人其实是非常友善的，但回到家后，若有陌生人进入它们的地盘，便会开始低吼或吠叫来警告对方。

在此要再次提醒养育守护犬的饲主们，保家护院是守护犬的天性，我们的职责就是要教导它们如何去分辨朋友和敌人，让守护犬能发挥出保家护院最大的能力。

问14

为什么狗狗和猫咪无法共处一室？狗狗真的讨厌猫咪吗？

答： 狗狗绝对没有讨厌猫咪，因为只有我们人类才有"讨厌"的感觉。相对地，也有人说猫咪也不喜欢狗狗，因为猫咪也总会出爪想抓、想攻击狗狗。其实这是猫咪自我防御的方式，并不是猫咪讨厌狗狗。总归来说，**狗狗会追逐猫咪，跟狗狗的品种有极大关系。**

几千年以来，狗狗的品种是人类选择性繁殖的结果，人类让它们身负不同的功能与特色，例如，猎犬、牧羊犬、守卫犬、玩具犬、工作犬、雪橇犬等。可惜的是，现代人因为看狗可爱，就把原本具有工作性质的狗带入家中，但又不给它们相同的运动作为排解，甚至在尚未了解狗的特性和用处时，就因为个人情愫而把狗带回家饲养，导致出现许许多多的问题；当问题出现时，又不肯从狗的角度来解决，只一味地从人的立场来尝试改变，这样不但没有用，反而导致更多的问题产生。

其实，狗狗的一堆问题，都是因为人类欠缺知识所造成的，例如，有些

人养哈士奇，但忘了它们是来自寒冷国家的雪橇犬；有人养柯基，但忘了它们原是牧羊犬；一堆人养米格鲁，却可能不知道它们本是追踪猎物的猎犬；甚至好多人养柴犬，却根本不了解它们原是山中猎犬，需要大量运动……所以当这些狗狗被养育在室内时，最需要加强的就是在家中的礼仪，才能够好好地适应在家中室内的生活。

　　台湾土狗原本也是猎犬，适合在野外居住，跟着原住民一起打猎，骁勇善战，就算是混种，也摆脱不了它们的猎犬基因。但当你把它们带回家，居

住在都市，它们仍是保有它们的本性，还是会理所当然地去追小动物。试想，若你家狗狗的天性是打猎，那么猫在它的眼里是什么？答案是"猎物"，所以狗狗自然会本能地去追逐，而这样的行为看在人的眼里，就自以为是地解读成"讨厌"了。

所以，**狗狗会追猫咪，绝对不是因为它们"讨厌"猫或其他小动物，而是因为本性。**只要我们让它们理解什么是猎物，什么不是，教导它们正确地分辨，再加上保证足够的运动，消耗它们的精力，它们看到猫或其他小动物自然就不会再去追了，当然也就能和猫咪好好相处啰！

因应对策

想要让狗狗适应猫咪或其他小动物，并不再追逐，可以采用消极处罚（不予理会）+正面积极强化教育（加强正确行为）。

步骤 1

先让狗套上牵绳，若狗狗处于非常激动，难以管理的状态时，请将其放置在狗笼或围栏内，若家里有猫或其他小动物，这时可让它们在狗的附近活动。

步骤 2

当狗开始激动要冲过去时，请踩着牵绳，阻止狗过去。如果狗在狗笼或围栏内，可能会因为激动而吠叫，请全部无视。

步骤 3

当狗狗消耗掉所有精力，对猫咪或其他小动物不再激动时，给予点心、抚摸或口头称赞。

步骤 4

慢慢地当我们加强狗狗看到猫或其他小动物时冷静下来的行为，狗狗就会一直持续保持冷静，这时猫或其他小动物就会自己过来靠近狗狗了。

有个主人来信，感觉他相当苦恼，信中提到他领养了一只狗叫"小黑"，但这只狗超级讨厌猫，会攻击、会朝猫吠叫；同样的，猫也非常讨厌它，会出爪、会对狗嘶嘶叫。

于是，在家时他都把小黑绑着，让猫自由，想让小黑了解先来后到的道理，但小黑完全不懂尊重，只要猫咪一走过去，它就想要攻击、吠叫，甚至还会攻击他们家原本就有的一只狗。他原以为两狗一猫应该能和平相处，可以非常完美地玩在一起，但没想到它们会那么不合！偏偏他们那边流浪猫最多，每次带小黑出门尿尿，一刻都不敢疏忽，生怕一不小心会有悲剧发生。

尽管这位主人小心翼翼，小黑每次看到流浪猫仍总是像个疯子般去追、去咬、狂叫，主人每次为了想抓住它的牵绳，常常手都会被扯得扭曲变形（因为小黑的力气很大，每次主人都差点被拖走），这时到底该怎么办？

TOM 帮帮你

刚开始，我先教导主人如何让小黑在家学会冷静，让主人通过踩牵绳来控制小黑，再加上称赞和奖励，让小黑了解冷静的好处。

除了在家中练习冷静之外，也必须带小黑到室外运动以消耗精力。但由

于小黑在外会对流浪猫痴迷，所以我先适当地让小黑通过跑楼梯消耗部分体力（注意，在跑楼梯之前，可先请兽医诊断狗狗的身体素质是否适合跑楼梯），如果家里有跑步机，亦可一起配合使用。

在学会冷静，加上适当运动消耗体力后，接下来就是让猫出现在它面前活动，开始刺激小黑。这时我把小黑放在围栏里（亦可放在狗笼里或套上牵绳），当小黑一看到猫又开始疯狂乱叫想暴冲时，因为有围栏（狗笼或牵绳）的约束下，小黑无法靠近猫。我请主人要耐心等待，不论小黑如何狂叫，如何不受控制，都要等到小黑完全消耗掉体力自行冷静下来后，才给予称赞奖励。

那么为何不先尝试着控制小黑呢？原因是这时小黑已经处于狂躁的状态，这时如果强制控制小黑，很容易造成小黑心理上的压力，所以最好的方式就是让小黑尽情发泄，等它冷静下来后再好好称赞。

在一次一次的刺激下，小黑已学会看见猫能冷静下来，下一步就是在牵绳松开的情况下让猫接近它，只要小黑能冷静，一般来说猫自然就会靠近。而当在室内已能让小黑看见猫冷静下来，接下来的挑战就可以转到门口或门外。每次一到门外，若小黑见到流浪猫又开始狂躁，我会当机立断把它带回室内，等待它冷静后，称赞，再尝试一次出门。就是这样不断地做练习，让小黑学会对猫减敏，很快地小黑就可以与家里的猫和其他狗狗和平相处了。

问15 狗狗上了那么多的课程，怎么知道到底有没有效果？要能做到什么程度才称得上是一只教育成功的狗狗呢？

答： 我相信这也是许多饲主都想要知道的答案！

基本上，狗狗若是很受教，即教育很成功，表现为它除了身心健全，没有忧郁的问题之外，同时也一定是只能让饲主感到开心的狗狗。在彼此关系良好的影响下，狗狗必定也能感到快乐。

那么，到底要怎么来评估狗狗所接受的教育够不够完善、有效呢？基于北美两所最大的狗协会AKC（American Kennel Club，美国养犬俱乐部）和CKC（Canadian Kennel Club，加拿大养犬俱乐部）所订出的标准，**以下的表单是一只所受教育完善、让大家都能开心的毛孩子所必须具备的条件**，大家不妨跟着下面的评估表一步一步来勾选，看看自己的毛孩子做到了多少。

☐	1. 能够乖乖地、静静地待在自己的空间里，不管主人是否在家。
☐	2. 不受外界干扰、教育良好的狗狗自我控制能力很高，对于外界的诱惑或干扰可以视而不见。
☐	3. 不论什么情况下不随便乱扑人或跳上任何家具，取而代之的是摇尾巴，乖乖地待在人身边。

☐ 4. 永远尊重饲主和其他人。教育良好的狗狗知道在饲主或其他人面前都必须要尊重，不能扑人、不能乞食、不能抓人、不能对人张嘴。

☐ 5. 不论在什么情况下，都不乱咬东西，除了自己的玩具及骨头之外。

☐ 6. 当饲主说 "过来"时，能够马上乖乖走到饲主面前。教育良好的狗狗，特别是在户外，即使遇到喜欢的事物，也能跟随饲主的行动而不失控。

☐ 7. 不会乱追逐其他会动的事物，除了自己的玩具及骨头。

☐ 8. 散步时，永远都跟在饲主的身旁后方，不超过饲主；当饲主停下时，也会立即停下，乖乖等待下一步指示。

☐ 9. 当陌生人或朋友接近时，不扑向他们或表现出害怕。教育良好的狗狗知道要控制自己的兴奋或恐惧，会非常有教养地乖乖等待饲主下一步指示。

☐ 10. 能够跟其他狗狗或人好好相处。

☐ 11. 不过度保护自己的食物、床、玩具等。

☐ 12. 能够快速适应新的环境。教育良好的狗狗，对于环境有着极大的适应能力，面对新环境，不会有几天不吃饭、不上厕所、听到声音乱叫、蜷缩在角落发抖的情况发生。

☐	13. 在被触摸、美容、梳毛、洗澡、剪指甲、清耳朵等的情况下，都能乖乖、静静地让饲主或他人处理。
☐	14. 能够冷静、友善地与其他宠物和小孩相处；能忍受小孩子的吵闹和挑衅；能控制自身的冲动不去追逐猫或其他宠物，知道冷静和友善地面对其他宠物和小孩。

　　罗马不是一天就可以造成的。要达到上述 14 个要求也是需要长年累月的耐心教育。若狗狗做到满分，恭喜你，狗狗教育成功；但若是狗狗仍有不足之处，也没有关系，再一起努力、学习，让狗狗更棒、更好！

没有错误就没有学习！再一次提醒，在教育过程中，千万别忘了一致性、一贯性，这才是教育的不二法则。

案 例 **S.O.S**！！

我的英国斗牛犬 Max（麦克斯）才 2 个月大，刚刚被带回家，但因为它随地大小便，晚上又会吵闹，搞得我们好几天都睡不好；出来玩的时候又到处咬东西，还会追着我们的脚跟、裤管咬，好烦人。为何养狗狗这么麻烦，我该怎么办？

TOM 帮帮你

幼犬刚回到家，一定需要一些时间去适应，这时就要开始制订一套标准和规矩。**白天每 3 小时休息后带出去上厕所，上完厕所之后就可以陪着玩耍 1 小时，把精力消耗掉，接下来又是回去窝里面休息，完全就是模拟母狗带小狗的方式来带幼犬，自然会得心应手。**

在我的建议下，Max 的饲主报名了"好狗狗四星期教育课程"（在之后的第四章中会仔细说明）。第一星期是针对幼犬的生活做规范，包含制订上厕所时间表和加强幼犬冷静的部分；第二星期是加强不张嘴和人玩、不追人裤管咬、吃饭礼仪等；第三星期和第四星期加强如何正确玩游戏、如何在兴奋状态下不扑人、散步不拉人跑、习惯美容等。

在我们严格地要求 Max 遵守规矩，并一致性、一贯性地持续去教育它之后，不仅让 Max 养成了好习惯，很快地形成了良好的生活规律，也有了秩序，终于让饲主感受到了养狗狗的乐趣；同时也让饲主知道养狗狗不仅要有爱心，更要有耐心和方法，让狗狗从小养成好习惯，长大后自然可以成为人见人爱的成犬。

狗狗为什么会经常啃咬、破坏家具，甚至有时会啃咬自己身上的毛？

答： 若家中的狗狗常会发生这样的情况，主要是因为狗狗的运动量不足，造成狗狗本来就有过剩的精力与压力无处发泄，所以用破坏家具、啃咬自己的毛、过度吠叫等这些严重行为来解决。这时候，若主人再用打骂方式想终结这类行为，只会造成更强的反效果，因为打骂之后，狗狗的心理压力更大，就愈发需要发泄，只会让这类行为更加严重。

其实，不论是小孩子还是青少年，只要一无聊就很容易行为失控，**但只要能有正确途径帮助它们释放过多精力、压力，坏行为自然消失**。而在教导破坏行为和过度吠叫这些问题时，都要先学习如何冷静，同时给予大量的运动来释放狗狗的压力。**切记，精力完全消耗掉的狗会是好狗。**

那么，运动量要多少才算足够呢？散步 1 小时足够吗？

运动量完全取决于狗狗的品种和年纪，年纪越大，运动量越少，相对而言，八九个月大的幼犬，拥有无限的精力是正常的；至于普通宠物玩具犬，大概可以和其他狗一起跑半小时至 1 小时就累了；但工作犬、猎犬、牧羊犬或雪橇犬等中大型犬和其他狗狗一起跑，可能 2 个小时以上才会累。

在开始制订运动计划之前，最好先带去给兽医检查到底多少运动量才适合自己的狗狗，同时也必须检查其他生理方面是否健康，因为有很多纯种狗经过不当的繁殖（近亲繁殖），导致髋关节有问题的概率非常大，这些都需要在制订运动计划之前先做详细检查，以确保它们身心健康。

因应对策

忽视坏行为，专注好行为，并制订游戏玩乐时间。

步骤 1

平时在家时，就应该正确地控制狗，让狗狗待在自己身边先学习冷静，这样可以避免狗狗因为要引起主人注意，而去故意破坏家具。

步骤 2

添购玩具，制订每天二三次的玩乐时间表，给狗狗规定每天的玩乐时间，让狗狗认识到每天在同样的时间点，主人会和它一同玩耍。

步骤 **3**

添购狗骨头，平时当狗狗待在主人身边，并啃咬骨头时，马上鼓励称赞，让狗狗知道，只要去咬骨头，就会被注意。

步骤 **4**

当狗狗出现自残情况，先带给兽医检查，确保不是生理问题后，再开始治疗心理问题。当确定是心理因素导致的，千万不要给予过多的注意力，也不要试着制止，可以给予狗骨头或其他啃咬玩具来转移狗狗烦躁的心情。

步骤 **5**

每星期，请带狗狗到户外至少 **2** 次，以彻底发泄所有精力。

案例 S.O.S!!

一只米格鲁猎犬 Hunter（亨特），主人经常一整天不在家，所以无法常常陪伴它，也无法带它散步或到狗公园玩。Hunter 精力无法消耗，于是出现了让人不可理解自残性的心理疾病。每当主人不在家时，它除了不停嚎叫导致邻居投诉外，还会不断地用鼻子磨蹭地毯，直到鼻子出血，所以当主人回家看见地毯上一条条清晰可见的血迹，自是心疼不已。

 **TOM 帮帮你**

首先，我让主人先了解米格鲁猎犬的性格。米格鲁猎犬在英国是专门用来抓捕兔子的狗，在打猎时就是靠鼻子在地上寻找兔子的气味，一旦闻到兔子的气味后，会马上冲过去不断地嚎叫来驱赶兔子出洞穴让猎人捕捉。这也说明了为什么 Hunter 会不断地在地上闻，甚至出现磨破鼻子的自残方式。

在主人充分理解了米格鲁猎犬的特性之后，我请主人白天带着 Hunter

来中心和其他狗一起运动、社交，每星期有 3 天和其他狗狗一起玩乐，彻底地帮助 Hunter 消耗精力，加上在家加强啃咬骨头这一行为，之后 Hunter 就再也没有自残过。

　　许多的吠叫、破坏家具、破坏环境以及自残行为都是和精力过剩有直接关系，这时候就算打骂，也只会加重狗的紧张感和压力，问题只会越来越严重，只有彻底消耗掉体力才能从根本解决问题。所以在**养狗之前，请务必一定要了解狗狗的特性。**

问17 为什么只要用吸尘器或是用拖把拖地时，狗狗就会一直狂叫？甚至追着拖把咬？

答： 　其实狗狗会出现这样的状况，大都是因为没有受过良好的环境社会化训练。所谓"环境社会化训练"，指的是狗狗对各种环境的适应能力训练，而大部分的饲主却往往都忽略、不重视这一点。

狗狗为什么需要社会化？其实**环境社会化在它们的生活中是非常重要的一部分**。我们先试想，若是一只狗狗从未走过楼梯、搭过电梯，而随主人搬到了必须上下楼梯或搭电梯的大楼里，又或者它从小一直生活在乡村里，突然有一天跟主人来到繁忙的城市中……狗狗该如何适应或融入呢？

最现实的例子，也是我看过最多的情况，就是狗狗从小到大都一直被关在家里，非常少有机会到其他地方。突然有一天，当主人要出门旅行，把鲜少出门的狗狗放在狗旅馆或朋友家。想想看，狗能适应吗？有许多狗因此几天不吃饭、不上厕所，甚至开始对"主人出远门"这件事有阴影，还因此得了分离焦虑症，在主人接回家后，狗便会寸步不离地跟着主人。这种狗和主人之间的关系是非常不健康的。

无论是幼犬或成犬，只要开始养育之后，并确定预防针都打齐了，就可以带着它到不同的地方去熟悉、适应环境。像在家里时，就可以让幼犬或成犬熟悉家中的器具，例如吸尘器、扫把、拖把等，尤其是吸尘器，多数的狗狗都会害怕，若是能够让它们环境社会化，就不会再有吠叫或追逐的情况发生了。

第16计

因应对策

采用"奖赏培训教育"，通过加强好行为，以正面鼓励方式来教育。

步骤 1

准备项圈、牵绳、吸尘器、小点心。

先让幼犬或成犬套上牵绳，确保它们不会因为恐惧而逃跑，要让它们勇敢面对。

步骤 2

踩着牵绳，请家庭成员带着吸尘器接近狗狗，当感觉到狗狗开始害怕时，请停止靠近，等待它慢慢放松之后，给予口头称赞以及小点心做奖励。

步骤 **3**

试着将吸尘器更靠近狗狗，直到狗狗已经接受吸尘器在它们面前为止。

步骤 **4**

接下来可以更进一步，即开启吸尘器（别移动吸尘器），这时狗狗可能会因为声音而害怕想逃跑，饲主要踩紧牵绳，直到狗狗冷静下来，再给予奖励和称赞。当狗狗适应吸尘器的声音后，便可以移动吸尘器，若是狗狗没有吠叫或追逐，表示教育成功，一定要给予称赞和奖励。

案 例

我家领养回来的玛尔济斯混西施的狗狗叫小宝，对于扫把、拖把以及吸尘器非常讨厌。每次我在打扫时，它都会在旁边一边吠叫，一边攻击扫把、拖把或吸尘器。另外，当有外人来家里，狗狗也是一直对外人叫，有好几次都想要攻击，甚至只要一到外面，也是对什么都吠叫。这是不是因为领养回来的狗狗有心理创伤所致？

 TOM 帮帮你

许多人认为领养回来的狗狗心理都会有创伤，所以导致产生很多行为问题。其实这不完全对，狗狗对环境的敏感程度，除了有后天影响外，先天的本性也占了很大部分的因素。

如果天生就对声音事物敏感紧张，通过后天大量的社交后，狗狗到了陌生的环境虽然还是会紧张，不过能很快就适应；而若是后天没有大量社交的

敏感紧张型狗狗，情况可就不是这样。很多紧张又敏感的幼犬，若没有通过后天大量的社交教育，成犬后多数会表现出攻击性，包括露齿、低吼、吠叫、啄咬等。

领养回来的成犬，或多或少因为过往经验、过往环境的影响，会对特定的人或事物过度反应，这时就要开始做减敏的训练。

所谓减敏，就是在狗对一件或多件事物有过度反应的情况下，不断地模拟当下状况来刺激狗，进而让狗习惯刺激后会冷静下来，然后再加强冷静的反应。

在这个案例中，我第一步先教主人在家中让小宝套上牵绳训练冷静；当主人坐着的时候，踩住牵绳让小宝待在身边，当小宝冷静趴下或坐下时，才给予注意力，其他激动时候则不理会，把关注仅放在小宝冷静的时刻。过了几天，小宝就已经知道，唯有冷静，主人才会给予关注。

下一步，我请主人踩着牵绳，把拖把、扫把和吸尘器拿出来慢慢地靠近小宝，每当小宝一激动，我们就停止不动，等待小宝了解这些物品不会伤害它，并安静下来时，再把拖把、扫把和吸尘器放置在小宝身边，并一直奖励称赞小宝的冷静。接下来，我们把拖把、

好棒

扫把慢慢移动，若小宝又开始激动时，只要谨记每当小宝一激动，我们就马上停止不动，直至它冷静后再继续刺激。

当小宝面对这些物品能够安静下来之后，再进阶开启吸尘器，让小宝习惯吸尘器声音后才开始带着吸尘器吸地。在训练时期，一定都要套上牵绳，以随时可以控制小宝。在经过减敏过程后，小宝已经可以习惯拖把、扫把和吸尘器在它面前且不会激动了。

至于，狗狗对于外人的吠叫或攻击，则是利用冷静训练和点心来放松小宝对于外人的警戒心。也就是说，当有朋友来访时，利用踩住牵绳让小宝冷静，冷静后再让朋友喂小宝吃点心。当然这一个步骤需要花费更久的时间来教育，只要让小宝习惯家里有外人，以后有朋友来访就不会再吠叫或攻击了，之后就可以在室外进行练习。

有时候狗狗需要较长的时间（一年以上）来习惯陌生人，这都是正常的， 毕竟教育狗狗不仅要有爱心，更需要有耐心，尤其当狗狗不习惯陌生人接近而吠叫、攻击时，饲主千万不要用处罚作为回应，这只会加深它对陌生人的负面影响。总之，等待狗狗冷静、加强冷静才是处理敏感狗狗的最佳方式哦。

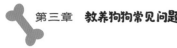

问18 狗狗一定要结扎吗?

答: 这是一个非常严肃的问题,许多主人对于结扎或节育手术不但反对,还相当反感,认为人类剥夺了它们的生育权利是很残忍的,即使当他们的狗狗出现行为上的问题时,仍还是坚持不让成年狗狗做结扎手术。

狗狗很多的行为问题,其实都和"有没有结扎"有直接或间接的关系,例如尿尿标记、打架、凶恶、护地盘、焦躁不安以及发情期跑丢等,所以想要减少这些不良行为让狗狗能够更稳定,最直接的方法就是结扎或节育,不仅主人省心,狗狗也会更冷静、更开心、更感谢你。这也是为什么一般像服务犬、军犬和警犬,也都会被要求做结扎手术的道理。

爱你的狗,请帮助它们做结扎手术或节育! 可选在打完预防针之后,也就是狗狗 6 个月大后 就可以做结扎手术。虽然结扎手术已经非常成熟,但还是有一定的风险(如伤口发炎感染),所以要决定给狗狗做结扎手术前一定要先在动物医院检查清楚狗狗的健康状况,以及确认好兽医诊所或动物医院的资质,才能确保手术安全,让狗狗健康开心。

TOM 第17计

　　狗狗罹患生殖系统疾病的比例相当高，结扎手术除了可减少弃狗的数量之外，对于维持狗狗的健康也很有帮助。但结扎后要怎么照顾呢？

步骤 1

　　结扎手术之后，为避免狗狗舔伤口造成感染或伤口不易愈合，一定要给狗狗戴上头套，时间大约为一星期。另外，若家里饲养一只以上的狗狗或有其他宠物，建议要将它和其他的狗狗或宠物隔离，不然很容易因为玩耍或互舔，让狗狗的伤口不易愈合甚至感染。

步骤 2

　　可在原本的食物之外，多补充一些高蛋白的营养补充品，分量可询问兽医，以利狗狗恢复体力。

步骤 3

　　在拆线后的 2~3 天后才能洗澡；但若无须拆线，则大约在手术后 2 个星期才可以碰水洗澡。

步骤 4

　　结扎后的狗狗的活动区域必须每天都要清洁干净，保持环境干爽。另外，因结扎的伤口多少会有血渍，也要尽量避免狗狗趴在地毯或沙发上，以免布上有细菌而导致狗狗感染。

一位男饲主说，家里刚刚收养了一只小公狗，怕它长大后经历发情期很麻烦，所以想带它去结扎，但老婆坚持不肯，认为结扎是极不人道的事情，同时也担心结扎后狗狗会发胖、性情大变……为此两人争执许久、僵持不下，男饲主相当苦恼，不知道该如何是好。

TOM 帮帮你

这是许多饲主会遇到的难题，通常都是因为狗狗结扎后的某些特殊个案，被人以讹传讹所致。以下就针对饲主常有的疑虑分别解释说明。

→想留后代

大部分的饲主认为，若饲养的是母狗，那至少要让它生产一次，留个后代之后再去做结扎（虽然狗是绝对不会有所谓"留后代"的想法）。但事实上，狗和人类一样，生产过程中，母狗会遭受许多不可测的风险，有时母狗会因难产而死；有时也需要剖腹产，或幼犬会胎死腹中等，若饲主因一时私心而害了爱犬，反而得不偿失。

→会变胖

只有没运动的狗狗才会变胖，变胖和结扎没有关系。

→性情大变

那是因为当幼犬结扎过后（7~12 个月之中），刚好面临它的青春期（是的，狗狗也会有 1~2 星期的青春叛逆期），所以刚好叛逆。性情大变和结扎是没有任何关系的。

→无法保家护院

军犬、警犬都有结扎，请看看有影响它们守护的天性吗？所以，千万不要把人类复杂的思绪过度投射在狗狗的身上。

总之，结扎对狗狗好，对饲主也好！ 从下面的表格说明，相信就能让您更清楚明白。

健康因素	在第一次月经来潮之前做过节育的母狗，几乎不可能会有乳腺癌或子宫蓄脓的疾病，要知道这两类都是危及生命的病。而有结扎过的公狗不会有睾丸癌；得前列腺癌的概率也比尚未结扎过的公狗低很多
心理伤害	若母狗尚未节育，会经历激素的变化和个性的转变，而且母狗的气味可传达 1.5 千米之外，有可能因此吸引过多的公狗追逐，而心生恐惧，作为母狗的主人也不会喜欢看见自己的家门口总是聚集着许多公狗。 结扎过的公狗完全不会在生理上有任何损失，也不会因为失去生育能力而悲伤。但若未结扎，反而会因在发情时期强烈的交配冲动而变得焦躁不安，会不顾一切自行离家跑掉
家具损害	经期的母狗有血性分泌物，会弄脏地毯和家具，有时经期会长达 3 个星期，而且每年有 2 次。闻到这气味的公狗则可能在家里用尿液标记，无论是沙发、冰箱、墙壁、椅脚等都会遭殃

个性表现	节育后的母狗也不会因为激素的改变而烦躁。 尚未结扎的公狗会对其他公狗更有攻击性，但结扎绝对不会影响它们看家护院的本领，同时还可以帮助它们的个性更稳定、更放松，更能专注在看家上
养育费用	尚未结扎或节育的狗狗，除了寿命较短，在晚年也比较容易遭受性器官癌症的困扰，饲主为此也要付出一笔不小的开支
寿命长短	因为不受激素的影响，平均而言，**结扎及节育的狗可比尚未结扎或节育的狗多活一年半的时间。**我见过非常多没有结扎的狗，在 10 岁后，其健康和精力比起同年有结扎的狗相差太多，老化得非常快

结扎与否，在于饲主的选择，但无论如何，都希望每个毛孩子的饲主都能尽到爱毛孩子的义务。爱它们，就请帮它们结扎或节育。

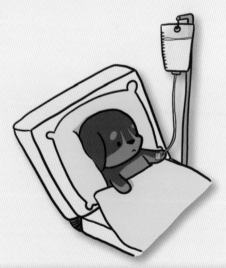

问19

为什么只要有任何风吹草动，狗狗就会不停吠叫，晚上更严重，骂它也没有用？

答： 想知道毛孩子为何吠叫不已？要如何控制？首先，我们要找出吠叫的原因。通常毛孩子吠叫的原因有以下几种：

一、害怕： 这是导致吠叫不已的最主要原因，当它们发现通过吠叫能驱赶自认为是威胁的事物时，就会开始不停地利用，所以当门口有动静时或在外面感到威胁时，就会吠叫。

二、紧张不安加孤独： 狗狗会利用吠叫来宣泄心情，若因此得到了关注，便会开始不断吠叫，尤以分离焦虑症的毛孩子居多。

三、宣示地盘： 狗狗有地盘性的观念，若有其他动物或人类侵入它的地盘，它必定以吠叫宣示主权。

四、看门： 人类自古以来就选择性地繁殖狗狗用以看家护院，自然希望得到有风吹草动就叫的狗狗，所以一代又一代地把吠叫基因加大，例如腊肠犬、迷你雪纳瑞等，它们爱叫是天性，实属正常。

五、其他： 人类近代因为喜欢养狗，导致市场一度供不应求，于是开始近亲繁殖，造成一堆出生就有精神问题的狗狗。这些幼犬在 2 个月大开始就会因为容易紧张、兴奋、胆小害怕等原因而乱吠叫。

因应对策

这里我们以狗狗最常发生的因"害怕"和"紧张不安加孤独"导致的不停吠叫为案例，来教教大家该怎么处理。

狗狗若是因害怕而吠叫不停，你可以这样做：

采用"加强正面行为教育"。

当狗狗做得好时，正面给予称赞、抚摸、拥抱、亲吻、游玩、点心等，让狗狗开始有自信，不再对环境害怕。再次提醒，千万不可打骂，或是用水枪喷射、摇铝罐等吓唬它们的方式，否则问题只会更加严重！

步骤 1

当狗狗开始吠叫时，完全不予理会，只要陪在它们身边让它们发泄即可。在此期间千万不能有任何动作，例如安慰、抚摸，只要陪伴它们至完全安静下来为止。

步骤 2

狗狗安静后，即刻给予鼓励，在平时也一定要

在它乖乖趴着或坐着时称赞一下，这会让狗狗开始意识"如果我害怕吠叫，主人会陪伴、冷静以待；当我冷静下来时，我才会得到称赞，我会感到开心，主人会陪伴我，我为何还需要害怕呢！"慢慢地你会发现，狗狗冷静的时间多了，害怕的时间少了。

特别提醒：教育不是魔术！这两个步骤看似简单，但真的需要时间，想想，只要教育一两个月，却能给狗狗十几年的开心快乐，绝对值得！若是只想寻找快速解决的办法，通常不持久，还会破坏你和狗狗之间的感情，唯有采取良性、温柔的方式，才能真正有效地解决因为害怕而吠叫的问题。

案例 S.O.S！！

一只5岁大的德国牧羊犬阿虎，因为有严重的吠叫问题，不仅让饲主苦不堪言，甚至还引起温哥华政府的关切（温哥华对于狗狗吠叫管制是很严格的）。饲主说，有一次因为阿虎又开始吠叫，怎么骂都没有用，于是他就拿报纸打阿虎，阿虎吓得钻进桌子下，但仍不断地对他凶恶地吠叫。经过这次之后，饲主发现阿虎变得更敏感，只要一有风吹草动便吠叫不已，有时连进门的陌生人，它也会想攻击，到底该怎么办？

TOM 帮帮你

在我接到救助之后，去阿虎家里进行实地评估。在与阿虎的互动中发现，其实阿虎的性格天生温驯，是因为饲主后天的打骂，才让它的状况愈来愈严重。

一开始，我严肃地告诫饲主**一定要放弃打骂这种方式，改用称赞的教育。**

第一、二堂课，我先教主人不断用称赞的方式和阿虎建立信任，的确也明显地让阿虎和饲主关系改善不少。但到了第三堂课，有一次外面有人经过，阿虎一看到陌生人便低吼了一声，而且想要冲出去，我马上抓住它的项圈，这时阿虎瞄了我一眼（有经验的专业人士都知道，这是当狗要开始攻击阻止它动作的人时的反应），我马上盯着它的眼睛，不慌不乱沉着面对，我心里不断想着："就算狠狠被你咬，我也不在乎，我是来帮助你的，我会好好让大家重新信任你。"在我坚定的信念下，我和阿虎就这样对峙了几分钟，最后它叹了一口气，态度终于软化了。

自从和阿虎的对峙成功，不但让阿虎卸下了心防，更让它学会信任和尊重，阿虎又回到了以前爱撒娇的可爱模样了。慢慢地，几个星期之后，阿虎愈来愈进步，再不会因为一点点的风吹草动而吠叫不已。

教育课程结束后的六个月，我再度回访，阿虎再也不会扑人或冲到门口对着人吠叫了，取而代之的是对人满满的信任。

TOM 第19计

因应对策

狗狗若是因紧张不安与孤独而吠叫不停，你可以这样做：
采用加强正面行为教育的方式。

大多数狗狗的紧张不安与孤独是因为对新环境的不信任，因此会以吠叫来宣泄心情，这当中以分离焦虑症的狗狗居多，通常饲主对这类狗狗会因为不舍或心疼而给予更多关注，但无形中却加重了狗狗吠叫的问题。有的狗狗甚至会因此吠叫数小时不停，叫到喉咙沙哑……这类严重的状况，则需要靠兽医开处方药物来辅助改善。

步骤 1

加强对环境的信任，在家每隔一段时间要让狗狗待在自己的空间里，如狗笼或围栏，不要每次都让它待在你身边，让它开始学习信任环境。

步骤 2

每次狗狗在自己的空间冷静下来时，请一定要加强正面行为教育，如称赞、奖励。若在外面，狗狗听到声音开始吠叫，请即刻套上牵绳或将手轻轻放置在它的脖子上，让它感到安心，等待它冷静下来。

步骤 3

请在你每天出门前，带狗狗出去跑步运动至少半小时，有效地把狗狗部分精力消耗掉，它回到家必然需要休息，也就不太会因为孤独而吠叫了。

步骤 **4**

平时可以多模拟出门时的状况，若狗狗开始吠叫，请停止一切活动，等待它冷静，给予称赞，再继续下一个动作，不断重复练习到狗狗不会再吠叫为止。回家后你要再给予称赞、奖励，让它们安心，知道你是会回家的。

在上述教育过程中要特别注意的是，**练习过程中，只要它们一吠叫，千万不可注视它们，也不可和它们说话，要完全等到它们冷静后才给予关注。**记得，环境是最重要的因素，大部分人都没有考量过环境的重要性，以为狗狗只要亲近自己就好，其实和我们太亲密而不懂独立的狗狗都是属于这类爱吠叫的，所以在责怪它们吠叫时，我们也要先想想自己是否才是造成狗狗会吠叫的主因。

一只被养在公寓里的柯基 Toffy（太妃），每次只要门外有声音或是主人一出门，就会狂吠不已，叫声又大，为此总是被隔壁邻居投诉，主人不堪其扰，不知如何是好。

 **TOM 帮帮你**

一般来说，因紧张不安而吠叫的狗狗，首先是因为对环境的不信任。毛孩子的感官和我们不一样，它们主要是靠嗅觉和听觉行动。所以**当它们到了新环境，许多噪音和气味"蜂拥而上"，敏感的狗狗当然就开始利用吠叫来驱赶这些事物**，久而久之，就形成习惯。

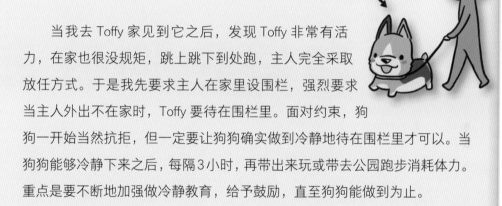

再来就是当狗狗在吠叫时，饲主通常会马上过去抱它，情感上更是让狗狗得到依靠。所以当它们孤独时，吠叫就更加厉害。

当我去 Toffy 家见到它之后，发现 Toffy 非常有活力，在家也很没规矩，跳上跳下到处跑，主人完全采取放任方式。于是我先要求主人在家里设围栏，强烈要求当主人外出不在家时，Toffy 要待在围栏里。面对约束，狗狗一开始当然抗拒，但一定要让狗狗确实做到冷静地待在围栏里才可以。当狗狗能够冷静下来之后，每隔3小时，再带出来玩或带去公园跑步消耗体力。重点是要不断地加强做冷静教育，给予鼓励，直至狗狗能做到为止。

之后，再进阶模拟出门情境进行演练，只要主人一出门狗狗又开始吠叫，就立刻停止所有动作，直至狗狗冷静，给予称赞后，再继续下一个动作。

不断重复练习，慢慢延长时间，直至主人出门后，若没有吠叫，继续给予称赞、奖励。但若主人回家时，Toffy 非常激动，我要主人忽视，先做自己的事情，不要理它，等待 Toffy 冷静后才给予注意力。经过不断的练习，才短短3个星期，吠叫问题已经获得很大改善。

第四章

四星期好狗狗教育

🐾 **第一周**
教育幼犬第一课：教育须知，狗笼和围栏训练，订时间表以及上厕所训练

🐾 **第二周**
教育幼犬第二课：名字训练，吃饭礼仪以及不可张嘴训练

🐾 **第三周**
教育幼犬第三课：玩游戏，加强不可咬人、不可扑人训练

🐾 **第四周**
教育幼犬第四课：保持冷静，防止坏行为发生

你相信吗？只要方法得宜，就能让刚加入家庭的狗狗新成员，快速地在四星期里融入家庭生活，成为人见人爱的好狗狗哦！新手毛爸毛妈们，赶快带着毛孩子跟着 TOM 一起开始学习吧！

一起来认识家庭新成员

在四星期好狗狗教育里，我特别选出柴犬作为这四星期教育的主角。为什么呢？这是因为在我教导过无数柴犬的经验里，它们有的天性乖巧，有的天性顽皮，可是**多数人不懂柴犬的天性和特性，不懂得柴犬的性格其实非常细腻敏感，最不适宜用打骂方式教导。**

但大部分的人往往在养育了柴犬之后，没有利用正确的方式来教育它们，导致柴犬有了不爱被人碰触、不善于和其他狗狗社交、不尊重人、容易生气等的坏行为，最后主人又把所有的原因都归咎于狗狗本身，殊不知问题是出在我们主人的身上。

这些问题真的可以从小就开始预防，利用好的教育，让狗狗从小就养成好习惯。再次提醒，多数柴犬心思细腻、个性敏感，请勿用打骂来控制它们或用打骂尝试让它们服从，否则最终只会得到反效果。

这次选定做教育示范的小柴犬，性格易怒、强势，非常不喜受人控制，一不喜欢就张嘴咬人，一出笼就像脱缰的野马，主人在打电话给我时，已经非常头痛。接下来的四个星期，请跟着我一步一步教导这只小柴犬，看看我是如何通过加强正面行为教育，让它学会尊重主人。

教导过程中，爱心和耐心是必须的。尤其当狗狗做错事情时，若是我们很生气，那么请选择离开原地，待自己冷静下来，再回来继续教导。

首先，在进行教育之前，需要先准备好一些必要的工具：

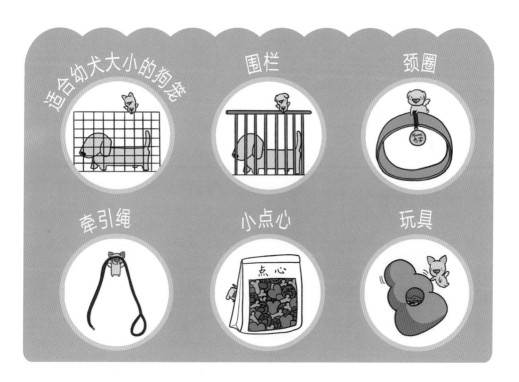

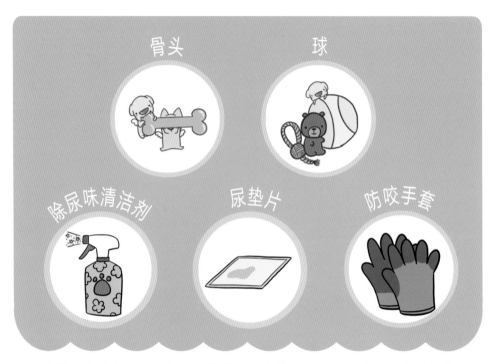

在第一章我们已经介绍过如何挑选适合的工具，至于防咬手套则为非必要的，你可以视幼犬的状况而定，若是幼犬牙齿非常尖利，则建议买防咬手套来保护自己。

柴犬小知识

日本柴犬目前是最受欢迎的犬种之一，原因当然是它们那可爱、类似小狐狸的外表以及矫健的身手。但也因为原是日本民间用来猎捕小型动物的猎犬，所以它们仍然保有天生的野性，在兽医界黑名单上赫赫有名。故在幼犬时期要加强约束管理以及社交，每天消耗运动量也是必须的。

个性特点：心理纤细敏感、强势、较独立、精力旺盛、固执、聪明、顽皮、强烈警觉心。

生理特质：易掉毛，尤其春天和秋天换季时会大量脱毛，要定期地梳理。

第一周
教育幼犬第一课：教育须知，狗笼和围栏训练，订时间表以及上厕所训练

第一次养育狗狗的饲主，在狗狗准备进家门之前该如何做万全准备？另外，又该怎么教才能让它有良好的生活习惯呢？第一课我们要学的就是正确的狗狗教育须知，设立狗笼位置和进行围栏训练，以及如何订时间表和进行重要的上厕所训练。

饲主的教育须知

教育前的家庭准备很重要，但心理准备也不能缺少。

在家庭准备部分，**尚未带狗狗回家前，你就必须要先决定好狗狗的游玩区域、狗笼位置、围栏放置处以及上厕所地点。**很多人认为自己住的地方不大，就让幼犬或刚领养的成犬自行游玩走动，但要切记，幼犬或领养

的成犬实际上就如同家里有个小婴儿或领养来的孩子，我们要从零开始重新教育它们，让它们更快适应目前的家庭环境和家庭规矩。

在心理准备部分则要特别注意的是，因为许多人曾看见了流浪狗的悲惨遭遇，于是便采取放任的态度想让它们开心。试问：若是领养的孩子，你会不去教育他们而是让他们不守规矩、天天玩乐吗？

其实狗狗也是如此。狗是群居动物，一旦失去父母的领导，将会无所适从，没有安全感。没有安全感，它便会失去对父母的信任，于是遇到问题，就会照着自己的本能或过往经验解决。切记，安全感和信任感是来自于父母，通过良好的教育便能获得，就算是极胆小的狗，只要父母给予足够的安全感和信任感，当再遇到威胁时，自然不会因为害怕想自保而发动攻击。

设立狗笼，进行围栏训练

所有刚开始养狗狗的主人会面对的第一个主要问题就是大小便。提醒大家，幼犬并不是本身就知道要去哪里上厕所，而是需要主人的帮助才会了解。**在教导大小便训练时，若没有狗笼的帮助将会非常困难，一旦有了狗笼，多数狗狗在 3~7 天内便可以进行上厕所训练，所以狗狗进家门前的第一步，就是要为它准备一个合适的狗笼。**

许多人在养育幼犬时认为设立狗笼是不正确的，于是采取放养的方式，但当幼犬没了规矩乱咬物品，又开始抱怨"为什么养狗这么辛苦、这么难"。狗笼其实就是它们的房间，亦是睡床，也是提供给它们安全感、休息处的地方，同时也是让它们学习憋尿、让幼犬独立的重要工具，让未来可能产生分离焦虑症的概率大大减低。因此，务必要在幼犬时期就让它们学会也习惯与饲主的短暂分离。

　　不要认为把狗放置在狗笼里是可怜或残忍的事情，除非你把狗笼视作为惩罚的工具，狗笼才会是监牢。若你有看过纪录片，便会发现在野外母狗会带着幼犬住在洞穴里，它们是不会让幼犬到处乱跑的，就像我们养育婴儿时用婴儿床一样，我们不会让婴儿到处跑、到处睡。只不过，通常母狗带着幼犬住的洞穴空间不大，主要是让它们能躲藏、休息和睡觉，有时洞穴甚至小到它们无法站立，所以每隔一段时间，母狗会带领幼犬离开洞穴在外大小便以及玩耍，之后再回去洞穴休息。而在家里，狗笼就是幼犬的洞穴，所以，一定要设立狗笼，让它们有自己的空间。

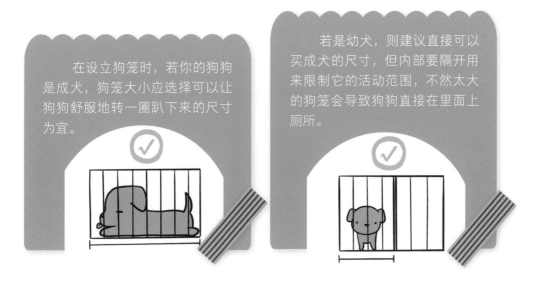

在设立狗笼时，若你的狗狗是成犬，狗笼大小应选择可以让狗狗舒服地转一圈趴下来的尺寸为宜。

若是幼犬，则建议直接可以买成犬的尺寸，但内部要隔开用来限制它的活动范围，不然太大的狗笼会导致狗狗直接在里面上厕所。

▲如何让幼犬习惯狗笼

并不是所有的幼犬都能习惯狗笼，这时就必须教导狗习惯待在狗笼里，**你可以利用"进去""睡觉"等简单以及清楚的指令，让狗狗知道你想让它进去狗笼里；也可以利用点心或在狗笼里喂食让狗狗更喜欢待在里面。**

进去！

我们这次教育的柴犬叫 Taurus（托乐思），它的主人在它进家门之前即已经接受过正确辅导，所以一回家就已经教育让它习惯睡在狗笼和在围栏里玩耍。

在教导 Taurus 习惯狗笼时，刚开始是先放置小点心吸引 Taurus 进去，但不关门，它还是可以走出来，然后再用点心吸引它回去笼子，就这样一直反复几次之后，Taurus 已经开始知道乖乖地待在里面就有点心吃。当它意识到在笼子里就有点心吃，下一步我们就可以试着把门关起来，但时间不要过长，只要短短的几秒钟就好，看到 Taurus 还是乖乖的，我们立即给点心表示称赞；但若这期间它开始吵闹，则采取不予理会的方式，直到它冷静下来，我们再马上给点心，慢慢地它就可以乖乖地待在笼子里超过 1 小时以上。

温馨小提示

在狗狗习惯狗笼的过程中，若是想以称赞或抚摸作为奖励也可以，不过若想加速此过程，最好还是以点心为主。点心的选择最好以狗狗专用的奶酪条或狗狗专用肉干撕成一小块就好，因为点心只是让狗狗觉得得到奖励了，而不是为了要吃饱哦！

▲如何学习开门也不出来

　　要让幼犬学会控制自己的冲动是非常需要耐心的，尤其是遇到顽皮的柴犬。所以开门时，如何教导它抵抗内心的冲动而自愿乖乖坐下就是一门学问。**教育过程中，切忌使用"坐下"指令，**我们是要狗狗发自内心控制自己的冲动进而冷静坐下，并不是因为有指令或有点心而去冷静。

　　开始教育开门也不出来时，可以先开一小缝，不要一下就开很大，因为狗狗会马上跑出去让你追。果然，一开门时，Taurus早已迫不及待地想出来，我们马上把门关上，等待它冷静下来后，再开大一点点，若它还是冷静没有冲出来，则马上表扬；但如果它迫不及待地动了起来，就要立刻把门关上，等待Taurus自行冷静后，再重头开始。就这样一直慢慢把门越开越大，直到门全打开，Taurus还是乖乖地冷静坐下等到"来"的指令时，才让它出来。

　　这个动作对幼犬有很大的学习益处，不仅仅让幼犬学习控制自身的冲动，**也通过这练习让幼犬尊重主人和学会"来"这个指令。**

为狗狗安排适合的行程表

原本 Taurus 回家时连大小便都不会，到处乱破坏，真的让主人头疼不已，主人还必须时时盯着它，更是心力交瘁。但开始有了时间表之后，Taurus 知道何时回去睡觉，何时出来上厕所，何时出来玩。在它回去休息睡觉时，主人能有自己的时间做自己的事情；出来玩时，主人也可尽心地陪 Taurus 玩。

为狗狗安排行程表非常重要！通过制订行程表，主人开始正确有效地管理 Taurus 的衣食住行，并认真地执行"三小时在狗笼里，之后再出来一小时"。出来第一件事情先上厕所，但若是吃饭时间，请先喂食完再出去上厕所。当看见狗狗上完厕所，立即给予小点心作为奖励。

行程表该怎么制订呢？
举例来说，2 个月大的幼犬

- 清晨 5 点先去上厕所，然后回笼。
- 早上 8 点先吃饭、上厕所、玩耍，早上 9 点回笼。
- 中午 12 点吃饭、上厕所、玩耍，下午 1 点回笼。
- 下午 4 点吃饭、上厕所、玩耍，下午 5 点回笼。
- 晚上 8 点吃饭、上厕所、玩耍，晚上 9 点回笼。
- 晚上 11 点上厕所，午夜 12 点回笼。若是没有时间陪它玩，这一小时也可以直接上完厕所就去睡觉。

TAURUS

	上厕所
5:00	
8:00	吃饭+上厕所+玩耍
9:00	
12:00	吃饭+上厕所+玩
13:00	
16:00	吃饭+上厕所
17:00	
20:00	吃饭+上厕所
21:00	
23:00	上厕所
24:00	

多数人不了解使用行程表的重要性，还自以为给刚带回家的幼犬或成犬在家极度的自由就是让它们开心、对它们好的最佳方式。**其实，放养狗狗是非常不正确的观念，**尤其当狗狗已经是我们家庭的一分子，更不能让它们在没有规矩的情况下到处乱跑，到最后又因为它们开始破坏物品而去责怪它们。

另外，许多的主人也常忽略了很重要的一点，就是幼犬必须要有适当的睡眠，**2 个月大的幼犬一天至少要睡 15 个小时，**就像人类小宝宝一样。所以，当我们开始正确地管理幼犬、成犬的衣食住行时，自然地，它们就会开始尊重我们。

如何正确并有效地引导上厕所

在引导上厕所时，我们必须遵照着狗狗的天性，也就是当它们一旦认定狗笼是吃饭睡觉的地方，这里就绝对不是上厕所的地方。

当 Taurus 在狗笼里，它不喜欢把自己睡觉的地方弄脏，于是会憋着不上厕所，所以出来第一件事情就应是大小便。这时可以顺便给予去尿尿或是去便便的指令，上了厕所之后应立即给予奖励，习惯之后，Taurus 可是尿得很准时的哦！

教导幼犬如何正确大小便需要很多的耐心以及时间，尤其是第一次，无论是在室内还是室外进行教导，一定要**等待到幼犬或成犬上完厕所后，才可以陪它们玩**。主人若没太多时间跟着幼犬，这项教导的进程就会比较缓慢。另外，幼犬的膀胱肌肉尚未发育完全，无法憋尿太久，所以当在外面游玩时或大量喝水后，会直接就近找地方尿尿。所以请在上厕所后的半小时或大量喝水之后，立即再一次带去上厕所。

温馨小提示

请务必等到狗狗上完厕所之后才可以遛狗或跟狗狗玩。

幼犬和人类的小婴儿一样，都是需要教导才知道厕所在哪里（许多人类小孩到大一点了也都还会尿床）。不过若幼犬训练几个月还是一样乱上厕所，就要带去咨询兽医是否有健康问题（如膀胱炎等）。

还有一点必须要知道，若是幼犬或成犬不小心尿错地方，我们应该怎么做？**老旧的错误方式是抱狗狗过去闻自己的排泄物，然后斥责，希望借由此惩罚方式让狗狗明白这个地方是不可以上厕所的。**不过，狗狗对于自己 1 分钟或 2 分钟之前所做的事情已全然不记得，它们只活在当下，所以越是斥责，狗会越混乱，越不知道自己做错了什么事情。例如，某只狗在 1 分钟之前在地板上便便，然后再走去啃它的骨头，这时主人气冲冲地走过来抓住它去闻排泄物，它会直觉地认为"啃骨头"是一件坏事情，所以才让主人这么生气。

我知道许多人会说，"可是骂它时，它会一脸羞愧"，"它上了厕所马上就跑掉，证明它知道自己是做错事情了"。

但事实并非如此！

第一，狗狗不会有羞愧感或罪恶感。人类小孩只有到五岁才开始有羞愧感，在这之前是不会有的。请问，狗狗的智商可以高到像四五岁小孩一样有羞愧感或罪恶感吗？狗狗的智商最高只如三岁小孩，大部分都只有两岁小孩一样的智商。

第二，狗狗的反应是日积月累学习来的。当它们第一次上错厕所时，我们大声地斥责，它们就会害怕，以至于以后只要我们脸部表情不对劲，它们就会知道我们要斥责它们了，就会条件反射地开始害怕，但与有没有上错厕所完全是两回事；甚者，它们直觉认为上厕所本身就是一件坏事情，因为只要一上厕所，主人就会生气，所以一上完马上就跑掉。当然也有利用乱上厕所来宣泄压力和引起主人注意的狗狗。

那么我们在狗狗上错厕所时，应当怎么做才是正确？除非你正好看到狗狗正在上厕所，就马上拍手喝止狗狗，多数狗狗便都会停止不继续，这时赶快再带去指定地点上厕所，然后称赞狗狗表现好；但如果已经发生了，那么什么也都不要做，就先自行清理干净。

若是狗狗明明已经知道在哪里上厕所，但却故意走到我们面前上厕所，试图引起我们注意来追它们，又该怎么做呢？在都已经知道狗狗是故意上厕所，借以让我们和它去玩追逐游戏时，我们当然不可以上当啊！所以一样要视而不见，连看都不要去看它们，就让它们故意尿，然后等它们觉得无趣走掉后，再做清理。但重点是，**若是狗狗在指定地点上厕所时，一定要好好地称赞或奖励它们哦。**

第一星期的教育对于主人以及 Taurus 而言都是非常大的挑战，Taurus 在熟悉新环境的同时，又要学习新规矩以及要学习在哪里上厕所，所以主人必须要更有耐心地去教导 Taurus 以及一直多方面奖励 Taurus 的好行为。只要好好地照着正确的方法进行，第一星期就会开始看到狗狗的良好表现哦。

第二周
教育幼犬第二课：名字训练，吃饭礼仪以及不可张嘴训练

在第一星期，主人和 Taurus 已经学习到如何正确地一起相处，Taurus 也学习到如何好好地上厕所以及基本的尊重主人。接下来这星期，我们要再给 Taurus 更多的挑战，让 Taurus 可以一步步地成为行为良好的幼犬。

✦ **熟悉名字练习** ✦

让 Taurus 习惯自己的名字，第一步是要让它先知道熟悉名字是有好处的，所以最快的方法是**每次吃饭时先做个小训练**。

1. 一颗一颗喂食： 狗饲料通常都是最好的选择，一颗一颗喂食让狗狗可以先学习坐下吃饭、学习名字训练、学习有耐心等待、学习食物是由我们提供。

2. 喂食进阶训练： 在做训练时，前面 10 颗让 Taurus 先坐下后再给予，当 Taurus 开始知道坐下才有食物后，接下来 10~15 颗饲料就可以用来做名字训练。我们每提供一颗饲料就叫一次 Taurus，才几次练习，Taurus 就已经知道了自己名字，每次一叫 Taurus，它就看着我们，表示已经熟悉自己的名字。

名字训练最重要的一点是，叫狗狗的名字时一定只有好事情发生，所以在给点心要叫

名字，拥抱时也叫名字，抚摸时也叫名字，
要不断地让狗狗了解到只要一叫 Taurus，就
会有好事。

　　狗狗其实并不知道自己名字背后的意
义，它们只知道我们每次叫名字之后发生的
事情，所以我们要确定每次叫 Taurus 都只有
好事情发生，那么以后每次叫 Taurus，它就
会过来。

　　这也表示，以后若**狗狗做错事情时，千万不要叫它们的名字，那样只会让
它们感到困惑**。例如，如果每次父母打电话给我们，永远都是好事，我们自然
会很开心地接电话；但如果每次打电话都是责骂，当然就不想这么快接电话；
若是好事和坏事参半，我们还是会犹豫要不要接电话。狗狗也是如此，所以要
切记，叫名字必须都是只有好事情发生的时候。

吃饭礼仪

　　前面已经说到前 10 颗食物要等待 Taurus 坐下才给予，要记住期间千万不可说"坐下"等指令，我们是要 Taurus 自己学习到坐下后才有食物吃，而不是经由指令来完成。再者，给予食物时，若 Taurus 起身了，马上停止给予食物，**要让它慢慢地学习到必须老实坐在地上才有食物吃。**

　　之前已经经由一颗一颗喂前 10 颗狗饲料的方式完成让它能确实坐下等待的训练，并利用第 10~15 颗狗食完成名字训练。接下来就可进行培养良好吃饭礼仪的训练了。将食物慢慢放下，放下期间 Taurus 没什么耐心，一直想起来吃，这时我们马上把食物高高举起，等到它安静坐下来，主人说"好棒"时再把食物放下。需要注意的是，在做此练习时，不要给幼犬下"坐下"或"等一等"的指令，我们需要幼犬靠自身学习做到，而不是因为有指令的下达才能做到。

　　就这样反复了好几次，原本任性的 Taurus 已经知道它若动了就没有东西吃，而一不动，饭盆就会出现。最终，当饭盆放在地上，它也可以乖乖地不动，直到我们说"可以了"，它才去吃。

　　聪明的 Taurus 还能举一反三，连水盆放下去都可以乖乖地等待而不心急。全程我们都没有下过一次指令或说"不"，都是在 Taurus 坐下时一直说"好棒"，借由加强正面行为教育来鼓励 Taurus 乖乖坐下。

不可张嘴训练

这训练不只对 Taurus 是个挑战，对我们和主人而言也是极大的挑战。聪明的 Taurus 个性强势，喜欢我行我素，若遇到要被控制的情况，或它不喜欢你摸它的头，或想你陪它玩，便会张嘴威胁人，甚至会用点力来咬人。尤其它的小尖牙像个鱼钩，一不小心就会划破你的手指，这时我建议**主人可以利用防咬手套来保护自己。**

在尚未接受教育前，主人上网查过，要想狗狗停止张嘴可利用"喊痛"的方式，让它们知道这样咬主人会痛。没想到这方法对 Taurus 来说是一针兴奋剂，当它一听见主人因为疼痛而哀叫，它整个眼神开始发亮，因为它感受到的是猎物的喊叫。要知道，柴犬可是天生的猎人，越是喊痛，它越把你认为是猎物。基于 Taurus 本身喜欢备受关注，每次它一张嘴，我们便立即停止和它玩，暂停十分钟。等到 Taurus 安静下来，奖励它，再重新开始。聪明的 Taurus 马上就知道人们不喜欢它张嘴，为了讨好我们，它只好忍住自己不张嘴。

第二星期的教育，Taurus 对人已经有了很大的尊重和信任，比起第一星期它也更加冷静，基本也能在尿垫片上上厕所，在狗笼里也可以乖乖地休息直到要上厕所以及游玩的时间到来。接下来，Taurus 还将面临什么样的教育任务呢，让我们拭目以待！

第三周
教育幼犬第三课：玩游戏，加强不可咬人、不可扑人训练

"玩耍"占据了幼犬生活的重要一部分，尤其像 Taurus 一样的小猎犬，每天都充满了活力，而当活力没处发泄时，就会开始捣蛋、乱咬东西、乱叼物品……让主人烦恼。这时候，我们可以利用它们的猎犬天性来安排一系列的游戏，不过无论如何，**这些室内小游戏还是无法取代室外尽情奔跑追逐的乐趣，只能暂时性地让它们得到满足，平时还是需要加上室外的运动才可以。**

如何和幼犬开心地玩游戏

✚ 游戏一：追逐玩具

我们利用狗绳把一个填充玩具绑起来，然后开始模拟小动物在跑的样子，果然，Taurus 眼睛一亮，冲过来开始想咬，我们马上利用狗绳把玩具迅速拖到另一边，Taurus 更兴奋，随即冲到另一边想抓住玩具，就这样充分利用狗绳让 Taurus 追着玩具跑，很快地 Taurus 已经消耗了许多精力；而在它咬住玩具的同时，我们也可以教它"放下"的指令，让它放下玩具。

玩这游戏不需要大地方，既简单又可消耗幼犬充沛的精力。不过此游戏千万不要变成拉扯游戏，拉扯游戏对个性已经强势的幼犬是非常不适合的。幼犬会通过拉扯游戏来挑战主人权威，也会通过拉扯游戏了解到自己牙齿真正的咬合力，更会让幼犬学习一旦咬着物品后不要松嘴，未来恐会演变为非常麻烦的行为问题。**所以当狗狗咬着玩具不肯松口时，我们可以利用点心来让它学习"放下"的指令。**

＋游戏二：捉迷藏

这游戏的好处是让 Taurus 可以加强对自己名字的反应，借由此游戏让它知道若主人叫了名字是代表要和它玩，让它更开心，更愿意一叫就过来。

这游戏需要两个人搭档一起配合。

游戏一开始，一个人去躲起来，而另一个人可以握住狗绳数到 20，然后躲起来的人开始大叫"Taurus"。若 Taurus 没反应，握住狗绳的人可以引导 Taurus 去躲藏地点，当找到躲藏的人时，躲藏的人要很夸张地抱住 Taurus，以高分贝的声音说"你找到我了！"然后给予点心。这游戏从头到尾都要很开心。若找不到躲藏的人，牵着狗绳的人可以很兴奋地问："Taurus，人在哪里？"慢慢地 Taurus 就开始会玩捉迷藏了。

请记得，捉迷藏只是个游戏，若是**幼犬找不到躲起来的人或是不愿意去找人，不要对它生气**，相反地要去引导狗狗来玩，可以先找出狗狗喜欢的物品，让躲藏的人拿着，以加强狗狗去找人的兴奋度。

✛ 游戏三：到指定人的位置

此游戏可让 Taurus 学习家里不同人的称呼，在未来，只要一叫爸爸或妈妈，Taurus 便会精准地跑去找指定人。

一开始，先让毛爸牵着牵绳，然后说："去找妈妈。"接下来带着 Taurus 走去毛妈那里，然后由毛妈给予点心和一个爱的抱抱；之后再由毛妈带着牵绳说："去找爸爸。"之后带它走去毛爸那里，由毛爸给予点心和爱的拥抱。经由不断的教导，在非常短的时间内，Taurus 已经学会如何去找毛爸和毛妈了。

加强不可咬人

这周 Taurus 虽然已经可以做到摸它时不太张嘴，但如果主人想拉项圈或抱住它不让它乱跑时，它还是会用嘴来威胁人，甚至发出低吼声音来吓唬人，所以这周要开始更进一步加强不可咬人的学习。

因为 Taurus 已经学习到不想受人控制时就用张嘴来威胁，所以这时若是主人走开反而更会让它觉得已得逞，它会更想要张嘴来威胁。网络上或其他书上有一种教法是轻握着它们的嘴，说"不"，然后等待幼犬冷静后放开。不过我比较不喜欢此做法，因为**第一，此做法不适用于扁脸的狗；第二，有些狗会因此更不喜欢人碰它们的嘴。**

我建议的进阶不可张嘴的训练方法是仿照母狗带幼犬的方式，当 Taurus 一张嘴时，手要马上不动，然后握拳，防止它咬到手指，另一只手则可以扣着项圈，但手要放轻松，不要硬抓，这动作主要是不让它跑走。

此时的 Taurus 因为不想被控制就开始咬拳头，当它开始知道咬已经起不了作用时，慢慢地就会安静停下来，我们这时给它一个大大的拥抱以及许多的口头奖励，几次之后，Taurus 已经开始不会因为主人想控制它而张嘴。

在用这个方法时有一点必须要注意！因为幼犬的牙齿比较尖，而人的皮肤娇嫩，有可能在教育过程会导致人的皮肤不小心被幼犬的尖牙划伤，所以建议戴防咬手套进行。

不可扑人训练

Taurus 常在人来的时候因为兴奋而想扑人。许多人因为电视、电影里的错误资讯，认为狗狗扑人是因为开心，喜欢你才会扑向你。事实上不尽然全是，我教过不少成犬都是在扑人后，若是没有及时得到人类的注意力，就会开始张嘴或抓人来进一步取得关注。如果有看过狗狗们在一起玩耍时的情形，不难发现它们都是互相扑来扑去，借此来比较谁比较强势、谁比较弱势，所以一定**不能让狗狗养成用扑人来达成目的的习惯。**

再者，若自己的狗狗总是喜欢扑人，这样狗狗会让人感觉很没教养。当狗狗扑人时，许多主人常犯的错误是，若心情好就没关系，让狗狗扑；心情不好就骂狗狗，这样对狗狗公平吗？所以如何让 Taurus 以后看到人会乖乖坐下是我们第三周很重要的教育课程。

围栏是刚开始教育不可扑人的最好的工具，因为要让 Taurus 知道，当它一兴奋，就会失去关注；但乖乖坐下后，立即会得到关注，加上因为有围栏阻挡，它无法直接就到达人的身边，所以它也只好努力控制自己乖乖坐下等主人来摸它或注意它，但只要它一站起来，兴奋了，我们马上就会离开它。聪明的 Taurus 在反复几次之后，就知道要乖乖坐下等人摸了。

教育进行到第三周，Taurus 有了很明显的进步，也长大了不少，尤其是上厕所，确实让主人轻松了许多。而原本淘气的 Taurus，现在也开始会乖乖地坐下来让人摸；也因为有了游戏，它充沛的精力能得以发泄。后续还有什么样的课程在等着 Taurus 呢？让我们再来看看它下星期的改变吧！

第四周
教育幼犬第四课：保持冷静，防止坏行为发生

　　我们的 Taurus 从什么都不懂到现在学习了非常多的礼仪，包括吃饭自行坐下、好好上厕所、学会控制张嘴和控制扑人等。同时，也因为开始知道如何玩游戏，Taurus 多余的精力也能得到正确的释放；加上制订了每天正确的时间表，主人能够控制 Taurus 何时休息、何时出笼子、何时上厕所、何时吃饭，能够尽心尽力地陪着它。在这最后一个星期，我们要教 Taurus 如何更进一步地学会保持冷静，以及让主人知道如何提早防止坏行为的发生。

保持冷静

"保持冷静"是学习
过程中非常重要的一项，借
此简单练习可以教导狗狗
乖乖地待在你身边，帮助增
进关系、培养耐心，好处多
多！而且不论你是在看电
视、打电脑，还是在写功
课、做工作，都可以来做这
一练习。此练习在北美也
被广泛地用于训练导盲犬、
搜救犬、服务犬等。

狗狗冷静的方法

步骤一：给 Taurus 套上项圈、狗绳。

步骤二：脚踩着狗绳，不可太长，长度以容许 Taurus 坐下或趴下为度。

步骤三：这时 Taurus 开始咬绳子，开始想挣扎以及哀叫，但只要在它尚未
冷静前所做的一切事情我们都要直接忽略。记得，在反抗期间，千万不可看、
不可摸，也不可和它们说话。

步骤四：当冷静下来时，马上给予高度的关怀、称赞。此时 Taurus 又开始
兴奋，我们马上不理，直到它自动坐下或趴下冷静了之后，再一次给予关怀。

这练习看似简单（没错，真的很简单），但"时机"是重点，主人要自己控制好在 Taurus 烦躁时不给予任何注意，而等到它冷静下来才给予关怀。做好这一点是比较困难的，尤其对于聪明的狗狗而言，如 Taurus 会去咬主人的脚，这时主人可以穿鞋子来保护自己。在经过多次练习后，因为有了我们的冷静对待，Taurus 也就学会冷静下来了。要记得，主人的负面情绪也会导致狗狗经常有负面情绪产生，一定要多用正面态度教育，才会让它们更开心，也更懂社交。

进阶保持冷静，降低敏感性格

　　当 Taurus 已经了解到被踩牵绳就必须冷静下来后，我们给予了一连串会让它兴奋的刺激，比方说在它面前跑来跑去、兴奋地去摸它、按门铃、请朋友来家里用非常兴奋的声音叫它等，只要它一开始兴奋，我们就踩着牵绳，不让它乱跑，等待它冷静后才给予点心或称赞奖励。等到它在室内学会冷静后，就可以带到室外接受更多外界的刺激。

防止坏行为的发生

俗话说得好："预防胜于治疗。"幼犬在成长过程中，需经过不断的学习。它们不知道什么是坏行为或好行为，它们只知道做了这件事情之后所发生的结果，正因为如此，在 Taurus 尚未学到坏行为之前，我们要去预防它。

Taurus 对于盆栽、电线、地毯等都很感兴趣，所以在家里最好让 Taurus 带着绳子走，**见到它想开始乱咬物品时，可以即时踩住绳子，叫它过来，给它玩具咬，然后称赞它。**经常如此做，Taurus 就知道咬玩具可以得到许多称赞。

另外，许多狗狗非常喜欢咬垃圾，对于这样的坏行为，我们在 Taurus 尚未接触前，可以先做好防范措施。例如，给垃圾桶都加上盖，或放在水槽下的橱柜里，如此一来，它便没有机会去吃或咬垃圾了。

关于张嘴或扑人的坏行为，我们之前在第三周已经纠正，所以 Taurus 目前没有这样的坏行为了。另外，通过连续三周的加强正面行为教育，它自然不再害怕人；同时，我们也开始安排 Taurus 上社交课程以及集体课程，这对于预防 Taurus 看到人或狗时会激动有极大的帮助。

四周的教育课程过得非常快，我们将原本很激动、完全不懂任何规矩的 Taurus，教导成为已经知道基本礼仪的狗狗，这对才 3 个多月大的幼犬而言是非常有意义的。**因为采取加强正面行为教育，我们大大地降低了 Taurus 学习过程中的压力，也让它在快乐开心的学习环境中成长，**让它学习到信任人、尊重人，进而服从我们。这比让它们一开始去学习指令、握手或翻滚等更重要，更能帮助幼犬自我控制，以及增进它们的自信心和服从能力。

这一课程不只针对幼犬，连对于领养来的狗狗或是不懂礼仪的成犬都很有效果哦！好的开始是成功的一半，狗狗的饲主们，你也可以试试看，让我们一起努力，遵照这四个星期的"好狗狗教育课程"，让所有的狗狗都在良好教育下，成为人见人爱的好狗狗。

著作权合同登记号：图字13-2019-019

本书通过四川一览文化传播广告有限公司代理，经凯信企业管理顾问有限公司授权出版

图书在版编目（CIP）数据

家有健狗：用爱教出好狗狗 / 谢佳霖著. —福州：福建科学技术出版社，2019.11
ISBN 978-7-5335-5984-7

Ⅰ.①家… Ⅱ.①谢… Ⅲ.①犬－驯养 Ⅳ.①S829.2

中国版本图书馆CIP数据核字（2019）第179808号

书　　名　家有健狗——用爱教出好狗狗
著　　者　谢佳霖
出版发行　福建科学技术出版社
社　　址　福州市东水路76号（邮编350001）
网　　址　www.fjstp.com
经　　销　福建新华发行（集团）有限责任公司
印　　刷　福州德安彩色印刷有限公司
开　　本　700毫米×1000毫米　1/16
印　　张　11
图　　文　176码
版　　次　2019年11月第1版
印　　次　2019年11月第1次印刷
书　　号　ISBN 978-7-5335-5984-7
定　　价　48.00元
书中如有印装质量问题，可直接向本社调换